한 권으로 충분한
# 시간론

**ZUKAI NYUMON YOKU WAKARU SAISHIN JIKAN-RON NO KIHON TO SHIKUMI**
by TAKEUCHI Kaoru
Copyright ⓒ 2006 TAKEUCHI Kaoru
All rights reserved.
Originally published in Japan by SHUWA SYSTEM CO., LTD., Tokyo.
Korean translation rights arranged with
SHUWA SYSTEM CO, LTD., Tokyo, Japan
through THE SAKAI AGENCY and YU RI JANG LITERARY AGENCY.

이 책의 한국어판 저작권은 유.리.장 에이전시를 통한 저작권자와의 독점계약으로 전나무숲에 있습니다.
저작권법에 의해 한국 내에서 보호를 받는 저작물이므로 무단 전재와 무단 복제를 금합니다.

마야인의 종말론에서 최첨단 초끈이론까지

# 한권으로 충분한
# 시간론

**다케우치 가오루** 지음 | **박정용** 옮김

전나무숲

자, 시간 여행을 위한 준비는 모두 끝났다.
철학, 생리학, 물리학의 친절한 도움을 받아
시간의 비밀을 풀기 위한 탐험을 떠나보자!

**편집자의 글**

# 현대과학의 최전선에서 풀어보는 시간의 비밀

흔히 '시간론'이라고 하면 많은 사람들이 답답하고 골치 아픈 학문이라고 생각한다. '시간론은 그저 시계 보는 방법만 알면 되는 것이 아니냐'는 우스개를 하는 경우도 있다. 그러나 사실 이 시간을 해석하는 것만큼이나 흥미진진한 학문도 없다. 특히 시간에 대한 연구는 인접 분야의 학문에 상당한 도움을 받아야 한다. 이 책에 물리학의 원리와 생리학, 그리고 철학까지 총동원되는 것은 바로 그런 이유 때문이기도 하다. 그러니 시간론을 공부한다는 것은 최첨단 현대과학을 동시에 섭렵한다는 이야기며 이를 통해서 스스로 박학다식한 '지식의 왕자'가 되는 일이기도 하다.

특히 이 책은 일반적인 시간론과는 여러 가지 면에서 차이가 있다. 우선 앞에서 잠깐 이야기했듯이 '현대과학의 최전선'에서 시간을 규명하려는 집요한 노력을 하고 있다. 이는 시간론이라는 것 자체를 상당히 재미있게 만들어 주는 요소가 되기도 한다. 현대과학의 수많은 원리와 다양한 패러독스, 그리고 영화에 자주 등장하는 타임머신의 이야기가 퍼레이드처럼 펼쳐지면서 흥미와 호기심을 자극하기 때문이다.

두 번째 차이점은 이해를 돕기 위한 그림과 도표가 무척 풍부하다는 점이다. 실제 이 책의 저자 역시 이러한 그림과 표를 고르고 그리는 데에 상당한 심혈을 기울였다. 시간론이라는 어려워 보이는 학문에 최대한 쉽게 접근하려고 하는 저자의 노력이 돋보인다. 또한 같은 맥락에서 이 책에 등장하는 '시간 탐험대'가 주고받는 대화들은 일상적인 수준에서 시간론에 접근할 수 있는 계기를 제공해주고 있다. 우리가 알고 있는 일반적인 상식에 근거해 시간을 이해할 수 있는 단초가 될 수 있을 것이다.

사실 시간이라는 것은 인류의 초창기부터 시작해서 지금까지, 그리고 앞으로도 함께 갈 수 밖에 없는 오래되고 심도 있는 주제이다. 그런 만큼 지적 호기심이 있는 사람이라면 반드시 한 번은 읽어두는 것이 자신의 지식을 발전시키는 데 큰 도움이 될 것이다. 과학도들 역시 이 시간의 문제가 끊임없이 전공분야에 등장할 수밖에 없다는 점에서 이 책을 통해서 그 개념적 원리를 충분히 이해해둔다면 자신의 공부에 많은 도움이 될 것이다.

시간은 인류가 품고 있는 가장 근원적인 의문 중의 하나이다. 따지고 보면 우리는 시간에 대해 잘 몰라도 생활하는 데에는 어려움이 없을 지도 모른다. 하지만 우리는 영원히 이 시간에 매여서 살아가야 하고 또한 그것을 기준으로 살아가야만 한다. 이번 기회에 시간에 대한 자신만의 생각을 정립해보는 것은 어떨까. 이 책은 그런 욕구를 가진 당신에게는 가장 쉽고 재미있게 시간으로 가는 길을 마련해줄 것이다.

2011. 4

차 례

| 편집자의 글 | 현대과학의 최전선에서 풀어보는 시간의 비밀　6 |
| 프롤로그 | 시간탐험대의 모험　12 |

## 제1장 시간의 기초

1-1　시간을 재는 방법 (고대)　16
1-2　태음력과 태양력　18
1-3　나일 강의 선물, 이집트　21
1-4　세상의 종말이 두려웠던 마야인들　23
1-5　채택되기 쉽지 않았던 그레고리력　26
1-6　대소력에 감춰진 수수께끼　29
1-7　시간과 공간의 성질에 관한 소박한 의문　32
1-8　시간의 길이를 재는 방법 (현대)　35
1-9　가장 짧은 시간과 가장 긴 시간 (1)　37
1-10　시간은 왜 눈에 보이지 않을까? (1)　41

## 제2장 시간의 철학과 생리학

2-1　시간의 철학　48
2-2　제논의 패러독스　51
2-3　공간의 양자가설　59

2-4  칸트의 코페르니쿠스적 전환  62

2-5  베르그송의 순수지속  68

2-6  코끼리의 시간과 쥐의 시간  71

2-7  에른스트 푀펠의 시간론  74

2-8  가장 짧은 시간과 가장 긴 시간 (2) – 푀펠의 가설  78

**인터로그**  시간탐험대의 도전  82

## 제3장  시간의 물리학

3-1  뉴턴의 절대시간과 신의 존재  86

3-2  아인슈타인의 상대시간  91

3-3  운동량과 시간  99

3-4  가장 짧은 시간과 가장 긴 시간 (3)  103

3-5  광자의 시간  106

3-6  물질이 느끼는 시간 (지그재그 운동의 괴이함)  110

3-7  시간과 엔트로피  114

3-8  맥스웰의 악마는 시계를 거꾸로 돌린다?  121

3-9  우주 시간  125

3-10 작은 타임머신의 존재 가능성　128
3-11 불확정성원리와 시간　132
3-12 호킹의 '시간의 화살' 가설　136
3-13 호킹의 '허수 시간' 가설　141

# 제4장 시간과 공간의 끝 – 시간론의 최전선

4-1 초끈이론의 세계　150
4-2 시간은 왜 눈에 보이지 않을까? (2)　154
4-3 시간축이 한 개가 아니면 우주는 어떻게 될까?　157
4-4 이그조틱한 4차원　160
4-5 다세계와 시간　163
4-6 둥근 고리 같은 시간　167
4-7 웜홀형 타임머신　170
4-8 속도와 시간은 어느 쪽이 보다 더 기본적일까?　175
4-9 스핀 네트워크와 공간　180
4-10 스핀 네트워크와 시간　188
4-11 시간론 요약　191

**에필로그**　시간탐험대의 성공　198
**마치는 글**　시간론에 관한 '현대과학의 최전선'　201
　　　　　색인　202

이집트인들은 어떻게 1년의 길이를 알았을까?  22
그레고리력은 어떻게 날수의 오차를 보정했을까?  28
말일을 알 수 있는 달력  31
1아토초 차이는?  40
착시 현상과 차원  44
제논의 패러독스는 물리학의 시공간 구조 문제  57
「순수이성 비판」은 명저 중의 명저?!  67
순수지속은 마음속 시간의 흐름  70
뇌 속의 정보처리 속도  77
푀펠 박사 일본에 오다  81
뉴턴이 물리학자가 아니었다고요?  90
주관적이면서도 객관적인 시간  98
에너지와 운동량은 같은 개념?  102
우주를 광속으로 난다면?  109
전자가 지그재그로 운동하는 까닭  113
엔트로피가 증가하는 원리란?  119
우주 시간이란?  127
호킹의 허수 시간의 묘미  148
다세계 해석과 아기우주  166
미래로 가는 방법  174
늘어나고 줄어드는 시간과 공간  178
시간의 덧없음  190

## 프롤로그
# 시간탐험대의 모험

　이 책은 시간과 공간, 차원에 관한 기본 지식과 원리를 알기 쉽게 풀어쓴 시간론 입문서이다. 입문서라는 점을 고려해 쉽고 간략한 설명과 표현을 사용했지만 주제의 특성에서 비롯되는 사상적·과학적 깊이까지 줄이지는 않았다. 그 대신 독자가 '시간'이라는 심오한 주제를 충분히 이해하면서도 입문서만의 재미를 느낄 수 있도록 중요한 항목마다 시간의 다양한 측면을 논하는 짤막한 대화문을 두었다. 대화문의 제목은 '시간탐험대'이다.
　'시간탐험대'의 등장인물은 다음과 같다.

　　유카와 고지로 : 시간탐험대 대장, 물리학자
　　주몬지 아오이 : 대원, 학생
　　레제 고스케 : 대원, 학생
　　구몬 요스케 : 대원, 학생
　　에르빈 : 고양이

　여기서 유카와 고지로의 '유카와'는 일본 최초의 노벨상 수상자인 양자물리학자 유카와 히데키(湯川秀樹)의 성을 딴 것이다. 대원들 중 특히 구몬은 지나칠 정도로 호기심이 많은 학생으로 대화문에서도 유독 질문하는 장면이 많다. 고양이 에르빈은 양자역학 방정식을 완성한 물리학자 에르빈 슈뢰딩거(Erwin Schrödinger, 1887~1961)가 고안한 사고실험(思考實驗)에 나오는 바로 그 고양이다. 등장인물에 대한 소개는 이쯤 해두기로 하자. 지금 시간탐험대에 무언가 심상찮은 일이 벌어지고 있는 듯하니 그들의 대화를 살짝 엿들어보자.

**레제**     지금 우리 시간탐험대는 고르곤졸라 박사가 파놓은 함정에 빠지고 말았어. 그가 발명한 시간순환기 때문에 우리 탐험대 본부에서는 시간이 계속 반복되고 있단 말이야. 어떻게 해서든 시간의 본질을 밝혀내서 시간순환기를 파괴해야만 우리가 살던 정상적인 세계로 되돌아갈 수 있어. 같은 시간이 계속 되풀이되기 때문에 아마 나도 지금 같은 말을 여러 번 반복하고 있을지도 몰라.

**구몬**     그렇다면 내가 질문을 계속 할 테니까 모두들 지혜를 짜서 문제를 해결해보자. 다행히 유카와 박사님은 물리학자시니까 고르곤졸라 박사의 함정에서 벗어날 수 있는 방법을 꼭 찾아주실 거야.

**유카와**     자, 그럼 지금 당장 시작하도록 하지.

**구몬**     질문 있습니다. 시간의 존재를 우리는 어떻게 알 수 있나요? 시간은 흐르고 있나요? 과거와 현재와 미래는 어떻게 다른가요? 물체는 색을 띠거나 공간을 차지하거나 냄새가 나기도 하는데 시간은 그런 물체와 어떻게 다른가요? 시간은 하나밖에 없나요? 아니면 여러 개가 있나요? 그리고 또…….

**유카와**     잠깐, 잠깐, 좀 기다리게나. 그렇게 서두르지 않아도 돼. 이곳에서는 시간이 계속 반복되기 때문에 우리는 문제를 해결하는 데 필요한 충분한 시간을 가지고 있는 셈이니까.

**주몬지**     그렇다면 하나씩 차근차근 알아보기로 하죠. 이왕 이렇게 된 김에 오묘한 시간의 세계를 구석구석 탐험해봅시다. 맨 처음 질문이 뭐였죠? 우리가 어떻게 시간의 존재를 알 수 있는가 하는 것이었나요? 그럼 그 문제부터 풀어보기로 하죠.

# 제1장
# 시간의 기초

시간의 함정에서 벗어나기 위한 첫 번째 단계로, 시간을 재는 방법과 달력을 만드는 원리 등 시간에 관한 '상식'부터 확인하기로 한다.

#  시간을 재는 방법 (고대)

시간 측정의 역사는 수천 년 전 고대로까지 거슬러 올라간다.
사람들은 여러 가지 방법으로 시간을 쟀고 다양한 종류의 시계를 만들었다.
그 모든 시계의 공통점은 주기적인 순환을 체계적으로 표시하는 것이었다.

### 규칙적으로 되풀이되는 자연현상의 '주기적인 순환'을 측정한다

시간이라는 추상적인 대상을 효율적으로 탐구하려면 기본 지식부터 하나씩 확인해가는 것이 좋다. 시간은 '잴 수 있을 때' 비로소 가치를 갖게 된다. 이런 점에서 인류가 어떤 방법으로 시간을 측정해왔는지 고대부터 현재까지 시간 측정의 역사를 살펴보는 것은 매우 의미 있는 일이다.

시간의 길이를 재는 가장 일반적인 방법은 '해나 달의 규칙적인 움직임을 관찰해서 이를 기준으로 삼는 것'이다. 달력은 크게 태양력과 태음력으로 나누지만 **주기적인 천체의 운행을 바탕으로 만들어진 점**에서는 차이가 없다.

'하루'는 지구의 자전에 의해 결정된다. 우리는 지구에서 바라 본 태양의 움직임을 기준으로 일 년과 하루를 정한다. 태양력은, 지구가 약 365.24일을 주기로 태양의 둘레를 한 바퀴 도는 공전 현상을 바탕으로 만들어진 달력이다. 반면 태음력은, 달이 약 29.5일을 주기로 지구의 둘레를 한 바퀴 도는 공전 현상을 바탕으로 만들어졌다. 태음력에서는 지구에서 보이는 달 모양의 주기적인 변화, 즉 달이 차고 기우는 모양을 기준으로 시간의 길이를 잰다.

태양력과 태음력을 만들 수 있었던 것은 '천체의 운동이 주기적으로 반복된다'는 사실을 알았기 때문이다. 즉 시간을 측정하는 모든 방법은 '규칙적으로 되풀이되는 운동'을 이용하고 있다. 괘종시계의 시계추는 오른쪽과 왼쪽으로 번갈아가며 규칙적으로 흔들리고, 물시계의 물방울은 항상 일정한 간격으로 떨어진다. 이와 같은 물리 현상이 한번 반복될 때마다 그 간격의 크기에 따라 시, 분, 초 같은 하나의 단위 시간이 생겨난다.

그림 1-1 | 세계 최초의 시계인 해시계의 원리

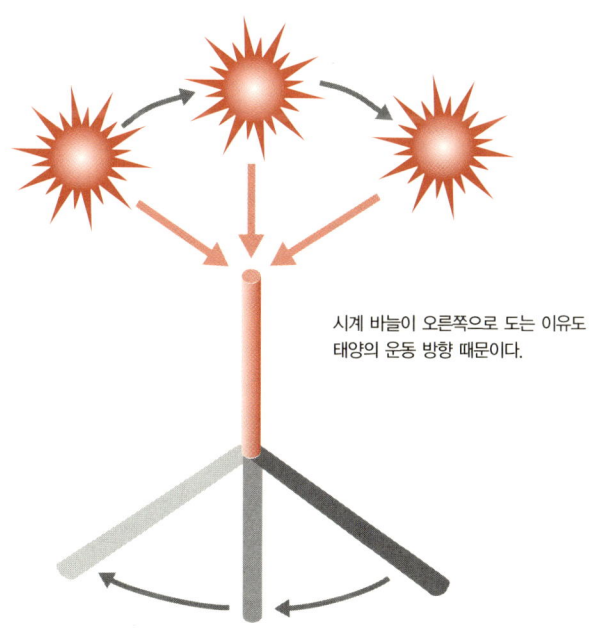

시계 바늘이 오른쪽으로 도는 이유도 태양의 운동 방향 때문이다.

맑은 날 막대기를 땅에 수직으로 세워 놓으면,
땅에 드리운 막대기의 그림자(시계 바늘)는 해의 위치에 따라 방향을 바꾼다.

## 1-2 태음력과 태양력

달력은 크게 태양력과 태음력으로 나눌 수 있다.
태양은 사계절을 정하고, 달은 한 달을 정한다.
'시계'로 쓴다면 태양과 달 중에서 어느 것이 더 편리할까?

### 달의 위상 변화로 시간을 재는 태음력

현재 세계의 표준 달력은 태양력이지만, 예전에는 태양력보다 태음력을 더 널리 사용했다. 우리 민족은 조선시대가 끝나갈 무렵에 와서야 비로소 태양력을 사용하기 시작했다. 고종 32년(1895년) 11월 17일(음력)을 건양 1년(1896년) 1월 1일로 정하면서 한반도에 처음으로 태양력이 시행됐다. 일본은 7세기에 달력이 전래된 이래 1872년까지 태음력을 사용했다. 이슬람권에서는 아직도 태음력을 기준으로 중요한 종교 행사일을 정한다.

태음력은 간단히 말해 '달이 차고 기우는 모양', 즉 주기적인 달의 위상● 변화를 기준으로 '한 달'을 정하는 달력이다. 반면 태양력은 '태양이 뜨는 위치'를 기준으로 '1년'을 정한다. 천문학적으로 표현하면 지구가 태양 둘레를 한 번 공전하는 데 걸리는 시간을 1년으로 정한 달력이다. 계절은 지구의 자전축이 공전 궤도면에 대해 기울어져 있기 때문에 나타나며, 지구가 태양 둘레의 어느 위치에 있는지에 따라 달라진다. 그래서 태양력은 계절의 반복 주기와 일치한다.

● **달의 위상** (位相) 햇빛을 받아 빛나는 면이 지구를 향하는 정도

1년의 길이를 정확하게 알아내려면 높은 수준의 천문 관측 기술이 필요하다. 그에 비해 한 달은 정확한 길이를 재는 것이 그다지 어렵지 않다. 이 때문에 고대에는 한 달이라는 비교적 짧고 가늠하기 쉬운 단위를 기준으로 한 태음력을 사용한 문명권이 많았다.

그림 1-2 | 주기적인 달의 위상 변화를 기준으로 만든 태음력

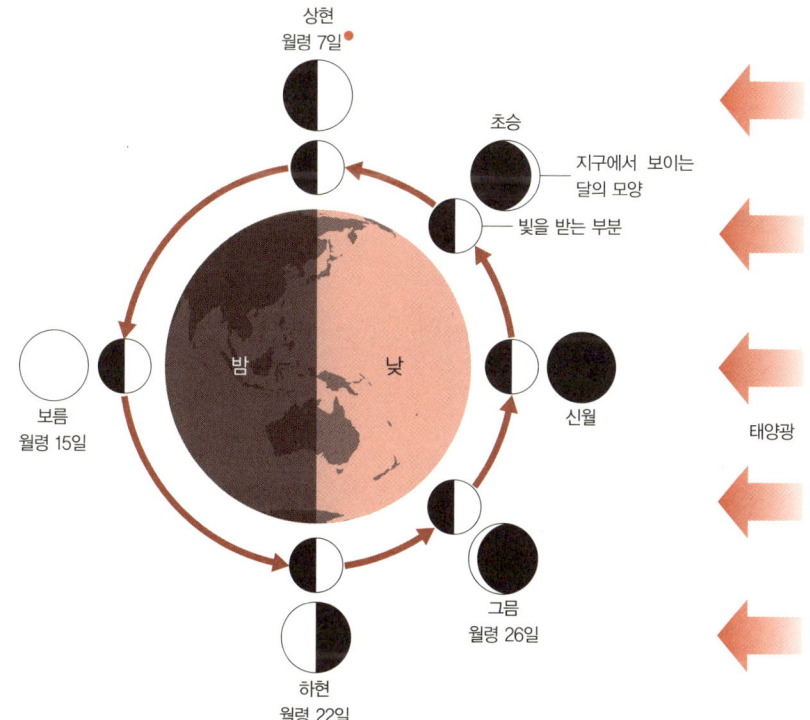

● 신월에서 만 7일이 되었다는 뜻

제1장 시간의 기초 • 19

**달의 운행 주기와 계절**

달이 차고 기우는 삭망주기는 지구의 공전주기와 딱 맞아떨어지지 않는다. 이 때문에 태음력만 사용할 경우 달과 계절 사이에 어긋남이 생긴다. 예를 들면, 매년 같은 음력 1월의 계절이 조금씩 달라지는 것이다. 지구가 태양의 둘레를 한 번 도는 데는 약 365.24일이 걸리지만 달의 삭망주기가 열두 번 반복되는 태음력의 1년은 약 354일밖에 되지 않기 때문이다. 달을 기준으로 한 1년의 길이는 태양을 기준으로 한 경우보다 약 11일이나 짧다. 태음력으로 3년이 지나면 태양력과 한 달 정도 어긋나게 된다. 이로 인해 생기는 계절의 차이를 보정하기 위해 추가하는 달이 윤달이다.

**태음력의 영향**

우리가 '한 달, 두 달' 할 때 쓰는 '달'이라는 말은 태음력에서 비롯된 말이다. 365.24일을 1년으로 정한 태양력에서 굳이 1년을 약 30일씩 묶어서 반드시 12개로 나누어야만 할 이유는 없다. 태양력에서 한 달이 약 30일인 것은 바로 태음력의 영향 때문이다.

같은 날짜라도 태양력과 태음력은 계절감에서 큰 차이를 보인다. 견우와 직녀가 1년에 한 번 만나는 날로 유명한 칠석(七夕)은 예부터 음력 7월 7일에 기려왔던 명절이다. 그런데 일본은 태양력을 도입하며 칠석제도 양력 7월 7일에 지내는 것으로 바꾸었다. 일본의 칠석제 날에는 비가 올 때가 많은데, 그것은 헤어졌던 견우와 직녀가 만남의 기쁨에 흘리는 눈물이 아니라 그때가 아직 장마가 끝나지 않은 시기이기 때문이다.

음력 7월 7일은 양력으로는 대개 8월이 된다. 이때는 장마가 완전히 끝나고 아직 태풍 시즌에도 들지 않았기 때문에 별을 주제로 하는 의례(칠석제)를 지내기에 매우 좋은 시기이다. 그러나 음력 날짜를 숫자는 그대로 둔 채 양력으로 옮긴 어리석음 때문에 일본은 해마다 계절감 없는 명절을 맞이하게 되었다.

## 1-3 나일 강의 선물, 이집트

태양력은 고대 이집트 문명에서 처음으로 사용했다.
그리스의 역사가 헤로도토스(Herodotos)가 '이집트는 나일 강의 선물'이라고 말했듯이,
예나 지금이나 이집트인들의 생활은 나일 강과 밀접한 관련이 있다.
고대 이집트인들이 만들어 썼던 태양력도 나일 강의 범람 주기를 기준으로 삼았다.

### 나일 강의 범람 주기는 365일

잘 알려진 대로 고대 이집트인들은 이집트력(시리우스력)이라는 태양력을 사용했다. 이집트력에서는 나일 강의 변화에 맞추어 1년을 세 개의 계절로 구분하였는데, 나일 강이 범람하는 계절(현재의 달력을 기준으로 6월 21일부터 10월 21일), 씨 뿌리기와 성장의 계절(10월 21일부터 2월 21일), 수확의 계절(2월 21일부터 6월 21일)로 나누었다.

이집트력으로 새해 첫날(6월 21일)은 우리나라의 하지에 해당한다. 고대 이집트인들은 매년 그날이 되면 해뜨기 직전 동쪽 하늘 위로 시리우스(겨울철 큰개자리의 가장 밝은 별)가 떠오르는 것을 보고 1년의 시작으로 삼았다.

나일 강의 범람 주기를 통해 1년의 길이가 약 365일임을 알게 된 고대 이집트인들은 1년을 360일과 정월의 5일로 나누었다. 그들은 360일을 다시 12개로 나누어 한 달은 30일이 되었다.

## 이집트인들은 어떻게 1년의 길이를 알았을까?

**구몬** 한 달이야 얼마 되지 않으니까 어떻게든 길이를 잴 수 있겠지만 1년은 아무래도 무리겠죠? 너무 길어서 정확하게 며칠인지 알아내기가 어렵지 않겠어요?

**유카와** 그야 그렇겠지.

**구몬** 그런데 고대 이집트인들은 어떤 방법으로 1년의 길이를 쟀을까요?

**유카와** 자세한 것은 잘 알려져 있지 않아서 학자들 사이에서도 의견이 분분하지. 아마도 이집트인들은 나일 강이 1년을 주기로 범람하는 것을 알고 나일 강이 범람을 시작하는 시기를 관측했겠지. 또 그때마다 시리우스가 주기적으로 출몰하는 것을 표시로 삼아 1년의 날수가 365일이라는 것을 알 수 있었던 모양이야.

**주몬지** 그런데 레제, 그 근사한 목걸이는 뭐지?

**레제** 아, 이거? 이게 바로 소티스(Sothis) 여신이야. 시리우스는 그리스어로 소티스인데, 오시리스 신의 딸이라는 기록도 있다더군. 이집트에서는 시리우스가 70일 동안 하늘에서 사라졌다가 아침에 동쪽 하늘에 태양과 함께 다시 나타나는 날이 있는데, 바로 그날이 나일 강이 범람을 시작하는 시기와 일치했던 거지.

**구몬** 아무리 봐도 수상한데. 언제부터 저렇게 자세히 알고 있었지? 게다가 때마침 목걸이까지 가지고 있고. 혹시 고르곤졸라 박사가 일부러 준비해 놓은 건 아닐까?

**레제** ······.

■ **소티스 여신 펜던트**

## 1-4 세상의 종말이 두려웠던 마야인들

마야인들은 달력의 끝이 곧 세상의 끝이라고 믿었다.
세상의 종말이 두려웠던 그들은 달력이 끝나지 않도록
여러 종류의 달력을 만들어 썼다고 한다.

### 마야의 여러 가지 달력

중앙아메리카에서 남아메리카에 이르는 지역에 걸쳐서 번성했던 마야문명은 기원후 250년에서 900년까지 황금기를 구가하다 16세기에 이르러 스페인 정복자들에 의해 허망하게 멸망하고 말았다. 마야문명은 인도와 더불어 '0'의 개념을 발견했으며, 0에서 19까지의 숫자를 써서 20진법을 사용했던 것으로도 유명하다.

마야인들은 여러 종류의 달력을 구분해서 사용한 것으로 알려져 있다. 천문 관측 기술이 고도로 발달한 마야는 금성의 공전주기가 584일이라는 것도 알고 있었으며, 이를 기준으로 1년이 584일인 달력까지 만들었다. 마야에는 여섯 종류의 달력이 있었으며 그중에서도 세 가지 달력이 특히 중요했다. 이 세 가지 달력은 1년의 길이가 다음과 같이 서로 달랐다.

1. 성스러운 해 – 260일
2. 속된 해 – 365일
3. 장기력 – 187만 2000일(무려 약 5125년!)

## 여러 종류의 달력을 사용했던 까닭

마야인들이 여러 종류의 달력을 사용했던 까닭은 달력의 끝이 곧 '시간의 끝'이라는 생각 때문이었다. 시간의 끝이란 곧 세상의 종말을 의미할 수도 있기 때문이다. 이처럼 달력이 끝나면 시간도 사라져 버리는 것은 아닐까 하고 두려워한 나머지 마야인들은 1년의 길이가 다른 여러 종류의 달력을 만들었다. 그러면 모든 달력이 동시에 끝나는 일은 피할 수 있기 때문이다. 물론 달력마다 1년의 날수가 다르더라도 오랜 세월이 흐르면 달력이 동시에 끝나는 경우도 생긴다. 이때마다 마야인들은 신에게 살아 있는 제물을 바치며 자신들의 안녕을 기원했다고 한다.

마야의 달력에는 특이한 점이 있었다. 우리가 보통 사용하는 달력은 1일부터 시작하지만 마야의 달력은 0일부터 시작한다. 0은 시작인지 끝인지 명확하지 않기 때문에 시간의 끝이 모호해지도록 일부러 0일을 사용했다는 설이 있다.

◀━━ 그림 1-3 | 마야의 달력

한편, 길이가 가장 긴 장기력은 기원전 3114년 8월 13일에 시작하여 2012년 12월 23일(8월 11일 또는 12월 21일이라는 설도 있다)에 끝난다고 한다. 이렇게 긴 달력의 끝이 얼마 남지 않았다고 생각하면 마야인은 아닐지라도 왠지 조금은 불안한 마음이 생길지도 모르겠다.

**참고문헌** 失われた發見―バビロンからマヤ文明にいたる 近代科學の源泉: Dick Teresi(著), 林大(訳), 大月書店, 2005

## 1-5 채택되기 쉽지 않았던 그레고리력

'그레고리력'은 현재 우리가 사용하는 달력이다.
그 이전에 사용되었던 율리우스력보다 훨씬 더 정밀한 역법이었지만
전 세계로 퍼져 나가기까지 오랜 세월 동안 많은 진통을 겪어야 했다.
대체 어떤 복잡한 사연이 있었던 것일까?

### 그레고리력의 탄생

율리우스 카이사르(시저)가 BC 45년에 로마력을 개정하여 만든 율리우스력은 로마제국 영토에서 널리 사용되다가 점차 유럽 전역에 보급되어 16세기 말까지 쓰였다. 그러나 율리우스력에서 채택한 1년의 길이는 365.25일이었으며, 실제 1년의 길이인 약 365.2422일(태양년)과 비교하면 1000년마다 약 8일의 차이가 나게 된다.

이 같은 문제를 해결하고자 로마교황이었던 그레고리우스 13세는 역법 개정 위원회를 열어 1582년 2월 24일에 새로운 달력을 채택했다. 윤년 규칙을 고쳐 4년마다 윤년을 두되, '100으로 나누어떨어지고 400으로 나누어떨어지지 않는 해는 윤년에서 제외'하기로 했다.● 이리하여 현재까지 국제적으로 널리 사용되는 표준력인 그레고리력이 탄생되었다. 그레고리력으로 1년의 길이는 365.2425일로 율리우스력보다 정밀하다. 1000년에 8일이던 태양년과의 오차도 3000년에 하루 정도로 크게 줄었다.

● 4로 나누어지는 해를 윤년으로 정하고, 동시에 100으로 나누어지는 해는 평년으로, 다시 400으로도 나누어지는 해는 윤년으로 정했다.

## 그레고리력의 채택이 늦어진 연유

율리우스력의 문제점은 이미 13세기에 로저 베이컨(Roger Bacon)*이 지적했지만, 16세기 말이 되어서야 새로운 달력이 도입된 것이다. 그러나 율리우스력의 문제점을 보완한 그레고리력도 세상에 널리 보급되기까지는 오랜 세월이 걸렸다. 가톨릭 국가들이 그레고리력을 도입한 후에도 신교(기독교) 국가들은 100년이 넘도록 그레고리력의 채택을 거부해왔다. 기독교의 가장 중요한 행사인 부활절의 시기를 가톨릭교회의 결정에 따라야 한다는 사실에 대해 큰 반감이 있었기 때문이었다.

**그림 1-4** | 교황 그레고리우스 13세(1502~1585)

재위 1572~1585년. 16세기 반종교개혁 운동과 교회의 내부 개혁을 추진했다.

● **로저 베이컨** (Roger Bacon, 1214?~1294) 영국의 철학자이자 과학자. 실험과 관찰에 따른 과학적 인식을 중시하여 근대 자연과학의 선구자로 평가된다.

영국은 1752년부터, 일본은 1873년부터, 한국은 1896년부터 그레고리력을 사용하기 시작했다. 동유럽과 러시아를 중심으로 한 동방정교회는 1923년이 되고 나서야 그레고리력을 받아들였다. 그도 그럴 것이 그레고리우스 13세는 영국의 엘리자베스 1세와 대립하여 자신의 군대를 아일랜드에 파견하려고 했고, 성 바르톨로메오의 학살*을 기념하는 메달을 만들게 할 정도로 가톨릭과 비가톨릭 대립의 상징적인 존재였기 때문이다.

### 그레고리력은 어떻게 날수의 오차를 보정했을까?

**구몬**  그레고리우스 13세가 1582년에 새로운 역법을 채택했을 때 그 전에 사용했던 율리우스력과의 차이는 어떻게 보정했을까?

**레제**  새로운 달력을 1582년 2월 24일에 공포했지만 실제로 달력을 조정한 것은 그해 10월 5일이었지. 10월 4일의 다음 날을 갑자기 10월 15일로 바꾸어서 열흘을 건너뛴 거지.

**구몬**  그런 방법으로 오차를 보정했다니…….

**레제**  덧붙이면 일본이 그레고리력을 받아들였을 때는 1872년 12월 3일을 1873년 1월 1일로 정했기 때문에 1872년에는 연말 행사인 제야의 종도 울리지 못했다고 하더군.

**주몬지**  황당한 이야기군요.

**구몬**  그건 그렇다 치고, 네 목걸이가 어떻게 갑자기 십자가로 변한거지?

**레제**  아니, 뭐라고?

**유카와**  아무래도 고르곤졸라 박사의 음모 같은데……, 대체 목적이 뭐지?

● **성 바르톨로메오의 학살** 1572년 8월 프랑스에서 가톨릭과 위그노(프로테스탄트) 사이에서 벌어진 종교전쟁으로 위그노들이 학살된 사건

## 1-6 대소력에 감춰진 수수께끼

일본 에도시대에는 특별한 달력이 사용되고 있었다.
대소력이라고 불렸던 마치 수수께끼와 같은 달력에 관해 알아보기로 하자.

**일본 에도시대의 달력**

일본에서 에도시대까지 사용했던 태음력에는 날수가 30일인 큰 달과 29일인 작은 달이 섞여 있었다. 달이 지구 둘레를 한 바퀴 도는 데 걸리는 시간은 약 29.5일이므로 한 달의 날수가 하루 단위로 맞아떨어지지 않는다. 이런 이유로 한 달의 날수는 29일과 30일이 섞여 있게 되는데, 배열 순서도 해마다 다른 데다 2, 3년에 한 번씩 윤달까지 들어 있기 때문에 꽤 복잡했다. 그래서 에도시대에는 '대소력(大小曆)'이라는 수수께끼 같은 달력이 유행했다. 다음 그림도 대소력의 하나다.

▶ 그림 1-5 | 에도시대의 대소력

## 대소력의 원리

그림에서 보이는 대소력은 아래로 떨어지는 불꽃의 크기로 큰 달과 작은 달을 나타냈다. 에도시대에는 오른쪽에서 왼쪽으로 글을 읽었기 때문에 맨 오른쪽에 있는 불꽃이 1월(작은 달)이고 오른쪽에서 두 번째는 2월(큰 달)이다. 이 같은 대소력이 있었기 때문에 이번 달이 29일까지인지 30일까지인지를 알아 월말에 지불해야 할 것을 확실히 기억할 수 있었다고 한다.

 ## 말일을 알 수 있는 달력

**레제**   이봐, 이달 말에 갚을 건 잊지 않았겠지?

**구몬**   어르신, 오늘은 월말이 아닙니다요.

**레제**   뭐라는 거야. 오늘은 29일이잖아.

**구몬**   그러니까, 내일 30일이 기한입죠.

**레제**   무슨 소리야. 이번 달은 작은 달이라서 29일까지 있다고.

**구몬**   모, 몰랐습니다.

**레제**   그런데, 저기 걸려 있는 달력은 뭐지? 이번 달이 작은 달이란 것을 이미 알고 있었단 얘기군. 그렇지?

**구몬**   제발 목숨만 살려주십시오. 대신 이 고양이를 드립지요.

**레제**   아니, 이렇게 귀여운 고양이를? 그렇다면 절반만 받기로 하지.

**주몬지**   웬 코미디?

**레제**   ……

**구몬**   ……

**에르빈**   (영문도 모르면서) 야옹

# 1-7 시간과 공간의 성질에 관한 소박한 의문

시간에 대한 본격적인 탐구를 시작해보자.
시간이란 대체 무엇일까? 시간은 공간과 어떤 관계를 가지고 있을까?
시간은 1차원, 공간은 3차원이라고 하는데 차원이란 것은 또 무엇인가?
이제부터 시간의 추상적인 성질에 관한 소박한 의문에 대하여
하나씩 답을 찾아보기로 하자.

### 시간은 강물처럼 흐를까?

바쁜 현대인에게 시간만큼 귀한 것은 없을 것이다. 시간은 강물과 같이 항상 '흐르고 있는 것'처럼 느껴진다. 그러나 흐르는 강물은 물길을 막거나 어딘가에 퍼 담아서 저장할 수 있지만 시간은 우리가 원하는 대로 보관하거나 저장해둘 수 없다.

우리는 과거를 이미 알고 있고 '현재'를 경험하고 있지만 미래는 아직 모른다. 시간을 거슬러 과거로 되돌아갈 수는 없지만 미래를 향해 끊임없이 나아가고 있다. 그러나 우리가 체험하고 있는 것은 언제나 '지금'이라는 이름의 순간 뿐이다.

우리는 시간의 흐름 속에 움직이지 않고 그대로 서서 아직 경험하지 못한 흐름의 상류를 미래라고 부르고, 이미 지나가버린 흐름을 과거라고 부르고 있는 것인지도 모른다. 그렇다면 시간의 흐름은 강물의 흐름과 같은 '선' 모양일까? 선과 같이 한 방향으로만 확장되는 것을 물리학에서는 '**1차원**'이라고 한다. 시간은 과연 1차원일까?

## 공간과 분리될 수 없는 시간

흔히 시간과 대비되는 것이 공간이다. 우리는 시간뿐만 아니라 공간 속에서도 살고 있다. 손을 앞으로 내밀거나 좌우로 뻗어보면 우리가 공간 속에 있는 것을 알 수 있다. 공간은 상하, 좌우, 전후의 세 방향으로 확장되므로 '**3차원**' 구조를 갖는다. 공간의 세 방향은 동서, 남북, 고도라는 이름이 붙어 있거나, 좀 더 수학적으로 표현하면 x축, y축, z축으로 불린다.

시간은 공간과 떼려야 뗄 수 없는 관계를 맺고 있다. 시간을 재는 기준이 모두 공간 속에 존재하기 때문이다. 태양이나 달의 운행, 괘종시계 추의 흔들림, 물시계에서 물방울의 낙하 등은 모두 공간 속에서 이루어진다. 마찬가지로 공간 속에서 물체의 길이를 잴 때도 반드시 얼마간의 시간이 흐른다. 공간의 측정 역시 시간과 분리하여 생각할 수 없다. 이렇듯 시간과 공간은 서로 분리·독립되어 있지 않고 긴밀히 연관되어 있다.

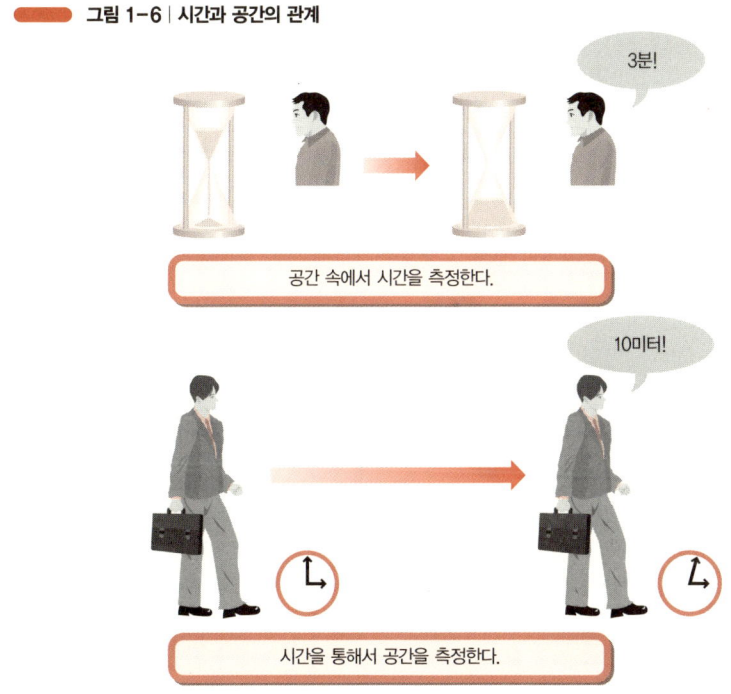

그림 1-6 | 시간과 공간의 관계

**물질을 담는 '그릇'**

   시간의 흐름이나 공간의 확장은 강물의 흐름을 만드는 물 같은 물질과는 다르다. 물질은 깨지거나 서로 결합하거나 움직일 수 있다. 이러한 물질의 변화는 공간 속에서 시간의 경과와 함께 일어난다.

   다시 말해 시간이나 공간은 물질을 담는 '그릇'의 역할을 한다. 그렇다면 실재하는 것은 물질이고 시간이나 공간은 물질을 담는 그릇에 지나지 않을까? 그렇지 않다면 우리가 눈으로 보고 손으로 만질 수 있으며 서로 부딪히고 중력이나 자력에 의해 끌어당겨지는 물질과 마찬가지로 시간과 공간도 보거나 만질 수 있을까?

# 1-8 시간의 길이를 재는 방법 (현대)

시간 그 자체는 보거나 만질 수 없어 실체를 알 수 없지만
시간을 재는 시계는 현대인에게 무엇보다 친숙한 일상의 필수품이다.
고대에 이어 현대에는 어떤 방법으로 시간을 재는지 살펴보기로 한다.

### 기계식 시계의 구조

어린 시절 나는 손목시계가 무척이나 갖고 싶었다. 할머니가 생일 선물로 주신 멋진 파란 손목시계를 지금도 서랍 속에 소중히 간직하고 있다. 앞서 말했듯이 시간 측정의 기본은 '현상의 규칙성'에 있다. 그렇다면 기계식 손목시계 속에도 규칙적으로 움직이는 작은 시계추 같은 것이 들어 있을 것이다. 기계식 시계는 그림 1-7과 같은 구조로 되어 있다.

그림 1-7 | 기계식 시계의 구조

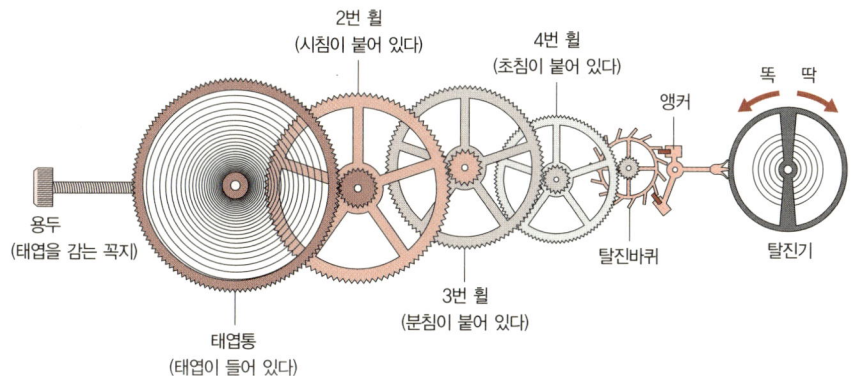

## 손목시계의 동력도 진자

'용두'는 시계의 태엽을 감는 장치이다. 용두를 돌려주면 용두에 연결된 태엽이 감기고, 태엽이 풀릴 때 그 힘에 의해 시계의 바늘이 돌아간다. 그러나 시간을 정확하게 측정하는 데 가장 중요한 역할을 하는 부품은 탈진바퀴, 앵커 그리고 탈진기이다.

기계식 시계를 분해해본 적이 있다면 알겠지만 시계 속에는 좌우로 회전 방향을 바꾸면서 진동하는 특이한 장치가 있는데, 이것이 바로 '탈진기'이다. 탈진기는 고정된 '나선 모양의 매우 작은 태엽'인 스프링이 풀렸다 감겼다 하는 과정을 반복하며 규칙적으로 진동한다. 이 진동은 앵커를 통해 탈진바퀴로 전해져 탈진바퀴를 일정 속도로 움직이게 한다. 이 운동이 다시 4번 휠, 3번 휠, 2번 휠로 전달되어 규칙적인 시간 간격을 나타내게 된다. '작은 시계추' 같은 탈진기가 시계의 심장 역할을 하는 셈이다.

## 태엽 시계에서 쿼츠 시계로

요즘은 태엽 시계보다 정밀한 쿼츠 시계를 더 많이 사용한다. 쿼츠 시계에서 작은 시계추 역할을 하는 것은 쿼츠(수정 진동자)이다. 특정한 형태의 인공 수정에 전압을 가하면 1초에 정해진 횟수만큼 진동한다. '1초에 진동하는 횟수'를 '진동수(주파수)'라고 하며 단위는 Hz(헤르츠)이다. 손목시계에 사용하는 수정은 1초에 3만 2768회 진동한다. 즉 수정의 진동수는 3만 2768Hz이다.

## 1-9 가장 짧은 시간과 가장 긴 시간 (1)

아토초나 펨토초라는 단위를 들어본 적이 있을 것이다.
그것은 현재 측정 가능한 가장 짧은 시간 단위들이다.
우리가 아는 시간 단위 중에서 가장 짧은 것과 가장 긴 것은 무엇일까?

### 가장 짧은 시간

현대의 최첨단 기술로 측정할 수 있는 가장 짧은 시간은 아토초($10^{-18}$초)이다. 아토초는 100경 분의 1초이다. 소수점 아래 열여덟 번째 자리에 처음으로 1이 오는 시간이다. 짧은 시간 단위에는 소수점 아래 세 자리를 기준으로 다른 이름이 붙는다.

| | | |
|---|---|---|
| 밀리초 | = 소수점 아래 셋째 자리 | = 0.001초($10^{-3}$초) |
| 마이크로초 | = 소수점 아래 여섯째 자리 | = 0.000001초($10^{-6}$초) |
| 나노초 | = 소수점 아래 아홉째 자리 | = 0.000000001초($10^{-9}$초) |
| 피코초 | = 소수점 아래 열두째 자리 | = 0.000000000001초($10^{-12}$초) |
| 펨토초 | = 소수점 아래 열다섯째 자리 | = 0.000000000000001초($10^{-15}$초) |
| 아토초 | = 소수점 아래 열여덟째 자리 | = 0.000000000000000001초($10^{-18}$초) |

## 빛의 속도

우주에서 가장 빠른 것은 광자(전파, X선, 일반적인 빛의 총칭)이다. 광자는 초속 30만km(마하 90만)의 속도로 움직인다. 광속으로 가면 태양에서 지구까지 8분 정도밖에 걸리지 않는다. 지금 우리가 보고 있는 태양의 모습은 8분 전 과거의 태양인 셈이다.

빛은 1나노초에 약 30cm, 1펨토초에 약 1만 분의 1mm, 1아토초에 약 1천만 분의 1mm만큼 움직인다. 펨토초나 아토초는 '빛이 멈춰 보이는 듯한' 매우 짧은 시간인 것이다.

## 가장 긴 시간

인류의 역사는 기껏해야 수천 년에 지나지 않지만 그래도 길다고 하면 긴 시간이다. 지구의 나이는 이보다 훨씬 더 많은 약 45억 년으로 추정된다. 약 35억 년 전의 것으로 추정되는 시아노박테리아(남조세균)의 화석이 발견됐다. 이를 근거로 적어도 35억 년 전에도 지구가 존재했다는 사실을 알 수 있다. 지구의 나이보다 더 긴 시간도 있다. 현재 약 137억 년으로 추정되는 우주의 나이가 그것이다.

▬▬▬ 그림 1-8 | 지구 역사의 '긴 시간들'

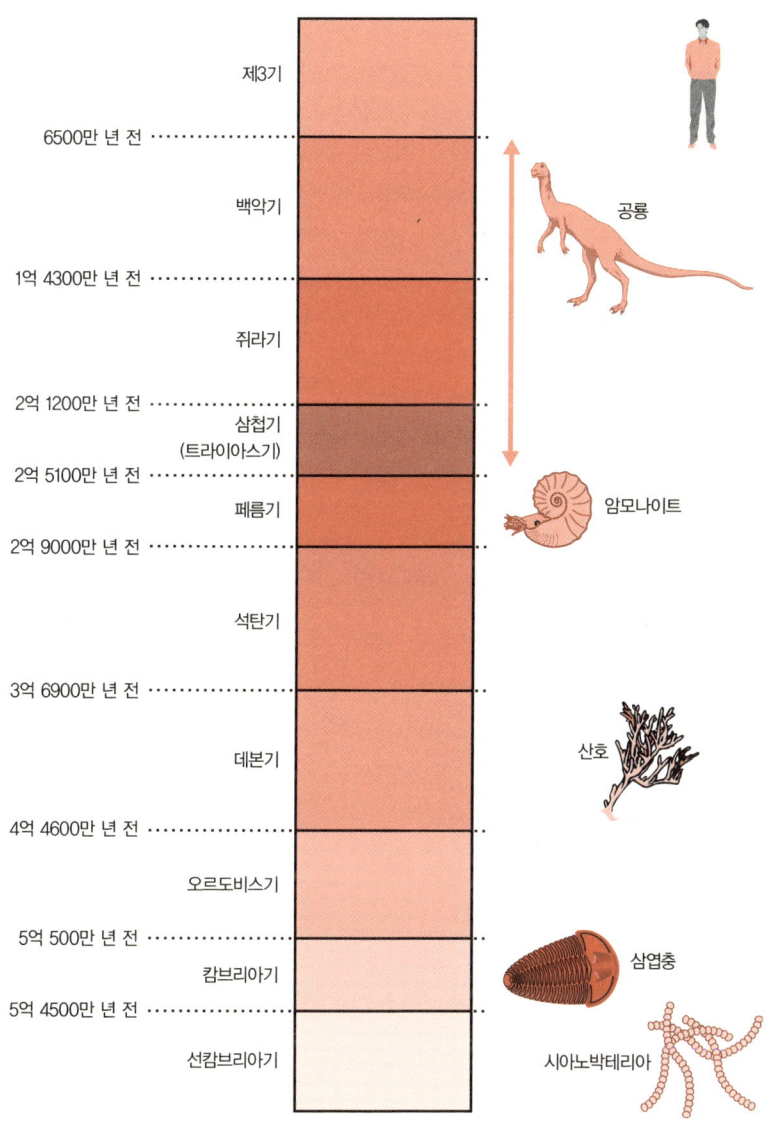

## 1아토초 차이는?

**구몬**    가장 긴 시간은 그렇다 치고 가장 짧은 시간의 길이는 어떻게 재는 걸까요?

**유카와**    사진의 스트로브 촬영이라는 건 알고 있지?

**구몬**    플래시 말인가요?

**유카와**    그래, 디지털 카메라의 플래시 촬영을 한번 생각해보게. 짧은 시간 간격으로 플래시를 터뜨려 사진을 찍으면 물체가 정지한 것처럼 보이지.

**구몬**    듣고 보니 그러네요.

**유카와**    그와 마찬가지로 스트로브 대신 레이저 펄스를 이용하면 거의 아토초에 가까운 단위로 움직임을 정지시켜 촬영할 수가 있어.

**구몬**    무얼 찍나요?

**유카와**    원자의 운동 같은 것이지.

**주몬지**    예를 들어 올림픽의 100m 달리기에서 1위와 2위의 차이가 1아토초라고 하면 거리로는 어느 정도가 되나요?

**유카와**    대략 원자 한 개 정도의 길이가 되지 않을까.

# 1-10 시간은 왜 눈에 보이지 않을까? (1)

시간의 흐름은 폭이 없는 '선'과 같은 모양을 하고 있을까?
시간의 흐름이 우리 눈에 보이지 않는 것은 바로 이 때문은 아닐까?
이번 절에서는 시간이 눈에 보이지 않는 이유에 대하여
'차원'과 관계된 하나의 가설을 세워 설명할 것이다.

눈으로 확인할 수 있는 공간과는 달리 시간은 왜 눈에 보이지 않을까? 움직이는 물체를 눈으로 쫓아가다 보면 그 물체를 담는 '그릇'인 공간이 펼쳐져 있음을 비로소 인식하게 된다. 그러나 시간의 흐름은 공간 속에서의 '반복', 즉 '시계추'와 같은 운동을 통해서만 인식할 수 있다. 다시 말해 우리는 공간의 도움 없이는 시간의 존재조차 알 수 없다. 왜일까?

## 시간이 눈에 보이지 않는 이유에 대한 가설

이런 의문에 대해서는 여러 가지 설명이 가능하겠지만 그중 한 가지는 다음과 같다.

**설명 1_ 시간은 과거·현재·미래를 향해 한 방향(1차원)으로만 확장되기 때문이다.**

공간을 예로 들어 생각하면 쉽게 이해할 수 있을 것이다. 우리는 세 방향으로 확장되는 3차원 구조를 가진 공간 속에 산다. 그래서 눈앞에서 여러 방향으로 움직이는 물체를 볼 수 있고 만질 수도 있다. 이를 통해 공간이 세 방향으로 펼쳐져 있다는 사실을 유추할 수 있다.

다음은 공간의 차원 하나를 줄여 우리가 2차원 세계에 살고 있다고 가정하자. 하늘에서 떨어진 엄청나게 크고 무거운 무언가에 눌려 빈틈없이 납작해진 세계를 상상해보자. 상하 방향은 개념적으로도 실제로도 존재하지 않게 되고, 이제 공간은 전후, 좌우 방향으로만 확장될 수 있다.

이런 세계에 사는 생물을 수학자나 물리학자는 '평면인'이라고 부른다. 활동이나 정보 수집 범위가 모두 2차원 평면에 한정되어 있기 때문이다. 평면인도 주위가 어떻게 펼쳐져 있는지는 인식할 수 있다. 주위에 광자를 던져서 그것이 되돌아오는 모습을 통해 주위가 2차원으로만 확장되어 있다고 추측할 수 있다.

여기서 다시 한 번 차원을 줄인다. 이제 1차원 세계에 살게 되는 것이다. 가느다란 빨대 속에 들어 있는 지렁이를 상상하면 된다. 이 지렁이 인간은 점 모양의 감각기관이 머리와 발에만 있기 때문에 빨대와 몸 사이의 마찰을 전혀 느끼지 못한다.

지렁이 인간은 1차원으로만 운동을 하는 광자를 자신의 앞이나 뒤로 던져서 그것이 되돌아오는 모습을 보고 앞이나 뒤에 무언가 다른 물체가 존재한다는 사실을 알 수 있다. 또 자신이 선의 세계에 살고 있다는 것도 짐작할 것이다. 하지만 빨대 모양의 세계를 '보는 것'은 3차원이나 2차원 세계를 경험하는 것과는 전혀 다른 체험일 것이다. 3차원이나 2차원 세계에서는 주위로 던져진 광자가 되돌아오는 상태에 따라 주위에 있는 물체가 어떤 형상인지 알 수 있지만, 1차원 세계에서는 그렇게 할 수 없다. 앞뒤 어딘가에 다른 물체가 존재한다는 사실만 확인할 수 있을 뿐이다.

한편 1차원 세계에도 '색'은 존재한다. 앞으로 던진 광자가 되돌아왔을 때 진동수가 변하거나 어떤 특정한 진동수의 광자는 물체를 통과하고 나머지가 되돌아온다면 그 진동수를 '색'으로 인식할 수 있기 때문이다.

▰▰ 그림 1-9 | 3차원, 평면인, 지렁이 인간

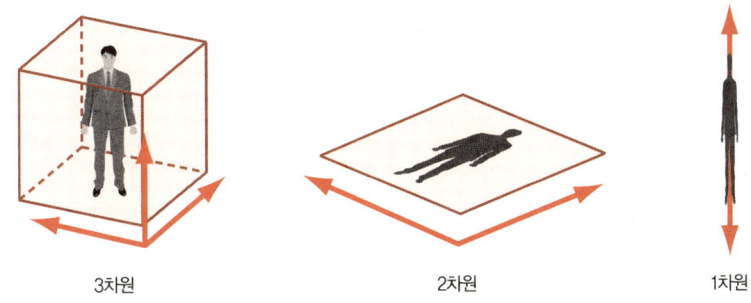

## 1차원 자체를 탐사하려면

이 같은 개념을 그대로 시간의 차원에 적용하는 것은 불가능하다. 공간의 구조가 1차원이건 3차원이건 주변을 탐사하기 위해 광자를 이용하려면 광자를 움직여야 하는데, 알다시피 움직임에는 반드시 시간의 변화가 따른다.

다시 말해 1차원 공간 속에서 광자가 움직이고 있을 때는 이미 시간이라는 개념이 깊이 관여하고 있다(이 개념은 나중에 수정된다). 이 말은 '움직임'을 이용해서 주위를 탐사하려면 적어도 1차원 공간과 1차원 시간의 존재를 가정해야 한다는 것이다.

만약 시간이 한 방향으로만 확장되는 1차원 구조를 가졌다고 하면 1차원 자체를 탐사할 수 있는 방법은 없는 셈이다. 1차원 구조의 시간을 탐사하려면 예를 들어 광자와 같은 탐사 물체를 움직여야 하는데, 움직임에는 반드시 차원이 하나 더 필요하기 때문이다.

다소 혼란스럽겠지만, 이쯤에서 독자들은 이미 시간이나 공간 외에도 '변화'나 '움직임'이라는 개념이 중요하다는 것을 알게 되었을 것이다. 달리 말해 '속도'라는 개념이 문제 해결의 열쇠를 쥐고 있다. 좀 더 자세히 말하자면 탐사 물체의 속도인 '광속'이 시간 탐사의 핵심 개념이다.

## 착시 현상과 차원

**구몬** 우리 눈의 망막은 2차원의 막이지요?

**유카와** 그렇지.

**구몬** 3차원의 공간이 2차원의 망막에 맺혔을 때 어떻게 2차원이 아니라 3차원이라는 걸 알 수 있을까요?

**유카와** 좋은 질문이구만. 혹시 이 그림을 본 적이 있나?

■ **에임스의 방**

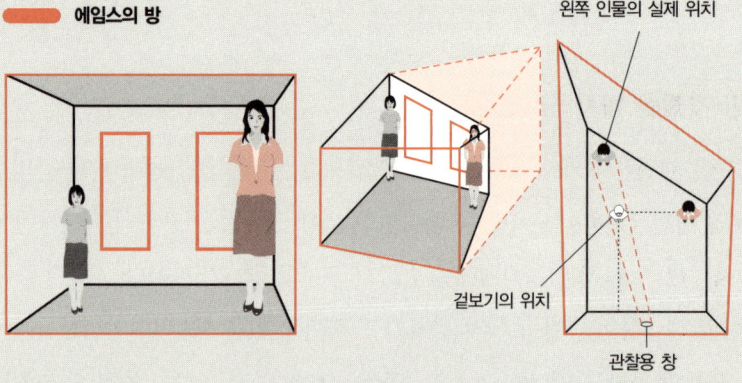

**구몬** 아, 착시 현상에 관한 책에서 본 기억이 나요.

**유카와** '에임스의 방'이라고 하지. 원래 이 방의 뒤 벽은 기울어져 있기 때문에 오른쪽 여성이 왼쪽 여성보다 더 앞쪽에 서 있지. 그런데 우리 눈에는 왼쪽의 여성은 아주 작게 보이고, 그에 비해 오른쪽의 여성은 거인처럼 매우 커 보이지 않나? 우리의 뇌는 뒤 벽이 평행하다는 것을 전제로 3차원의 세계를 구축하기 때문에 시각적인 착각을 하게 되는 거지.

**구몬** 그렇다면 2차원적인 망막 정보를 해석해서 3차원적으로 보이도록 하는 것은 결국 우리 뇌가 하는 일이라는 뜻인가요?

**유카와** 그런 셈이지. 인간과 동물의 뇌는 양안시차(물체를 볼 때 두 눈 사이의 거리만큼 약간 다른 시야를 보게 되는 데서 일어나는 현상)나 음영 같은 다양한 정보를 근거로 3차원의 시각 세계를 구축하지. 실제로 뇌의 일부가 손상된 사람 중에는 계단이나 엘리베이터의 공간적인 깊이감을 느끼지 못하는 경우가 있지.

**구몬** 그런 사람들은 공간을 평면의 그림처럼 인식한다는 말씀인가요?

**유카와** 그렇지.

**구몬** 2차원의 망막 화상을 3차원으로는 변환시킬 수 있어도 4차원으로까지 변환시키는 것은 무리겠지요? 만약 망막이 3차원의 구조를 가졌다면 거기에 뇌가 1차원의 시간적 깊이감을 더해서 4차원의 시각 세계를 구축할 수 있을지도 모르겠지만 말이죠.

# 제2장

# 시간의 철학과 생리학

앞 장에서 시간에 관한 몇 가지 상식을 살펴보고 시간을 측정하는 방법도 알아보았다. 이를 바탕으로 이번 장에서는 시간의 철학적 개념과 생리학적 의의를 탐구하기로 한다.

# 2-1 시간의 철학

시간의 철학이란 '시간의 본질'을 탐구하는 것이다.
이 심오한 주제는 인간이 지성을 소유하게 된 순간부터 제기되었지만
아직도 그 신비가 풀리지 않은 난제 중의 난제이다.

### 시간의 철학적 고찰

시간을 철학적으로 논한 책에 자주 인용되는 문구가 있다. **성 아우구스티누스**의 『고백록』에 있는 다음 구절이다.

"시간이란 무엇입니까? 아무도 내게 묻지 않는다면 나는 알고 있습니다. 그러나 누가 물을 때 설명하려 하면, 나는 알지 못합니다."

— 성 아우구스티누스의 『고백록』 11권 14장

시간의 불가사의한 본질을 탐구했던 철학자들은 헤아릴 수 없을 만큼 많았다. 그중 고대 그리스 엘레아학파의 철학자 **제논**(Zenon ho Elea, BC 495~BC 430)은 시간과 공간에 관한 네 가지 패러독스를 제시하여 후대의 철학자들을 고민하게 했다.

또 프랑스의 철학자 **앙리 베르그송**(Henri Bergson, 1859~1941)은 생명의 본질로서 '순수지속'이라는 시간 개념을 제시했다. 이 개념이 아인슈타인의 상대성 이론의 시간 개념과 일치하는지를 두고 아직도 많은 철학자와 물리학자가 격렬

한 논쟁을 지속하고 있다.

시간의 존재와 의미를 사유했던 많은 철학자들 가운데 **임마누엘 칸트**만큼은 꼭 기억해야 한다. 그에 따르면 시간이나 공간은 모두 인간이 외부 세계를 직관적으로 포착할 때 그에 앞서 미리 (현대적으로 말하면 '뇌'에) 만들어놓은 '틀'이라고 한다.

**표 2-1 | 시간의 본질을 탐구했던 사람들**

| | |
|---|---|
| **아우구스티누스**<br>Aurelius Augustinus(354~430)<br>고대 말기 최고의 신학자이자 철학자<br><br>"시간이란 무엇입니까? 아무도 내게 묻지 않는다면 나는 알고 있습니다. 그러나 누가 물을 때 설명하려 하면, 나는 알지 못합니다." | **제논**<br>Zenon ho Elea(BC 490년경~430년경)<br>고대 그리스 엘레아학파의 철학자<br><br>제논의 패러독스(운동부정론)를 통해 무한과 연속, 공간과 시간에 관한 근원적 문제를 제기했다. |
| **칸트**<br>Immanuel Kant(1724~1804)<br>독일의 철학자<br><br>시간과 공간은 외부 세계에 존재하는 것이 아니라 인간이 외부 세계를 인식하기 위해 만든 '틀'이라고 주장했다. | **베르그송**<br>Henri Bergson(1859~1941)<br>프랑스의 철학자<br><br>'순수지속'이라는 시간 개념을 제시했다. |
| **바슐라르**<br>Gaston Bachelard(1884~1962)<br>프랑스의 철학자<br><br>시간의 실체를 '순간의 연속'으로 규정하는 시간 개념을 제시했다. | **아인슈타인**<br>Albert Einstein(1879~1955)<br>물리학자, 상대성이론의 창시자<br><br>뉴턴의 절대시간과 절대공간의 개념을 부정하고, 4차원 시공간에 관한 물리학 이론을 완성했다. |

## 철학에서 생리학까지

이 장에서는 시간의 본질을 **탐구했던** 많은 철학자들 중에서 대표로 제논과 베르그송, 칸트를 들어 그들이 시간을 논제로 어떤 고민을 했고 어떤 철학적 이론을 제시했는지 살펴보기로 한다.

또 이번 장의 후반부에서는 생리학과 심리학의 관점에서 시간을 고찰할 것이다. 생리학이나 심리학은 과거에는 철학의 범주에 속했으나 자연과학의 발달과 함께 현대에 와서는 각기 독립된 학문 분야로 성장했다. 분야마다 연구 주제는 다양하겠으나 여기서는 동물의 신체 크기에 따라 달라지는 시간에 대한 감각과 수명의 관계를 알아볼 것이다. 또 인간의 뇌가 파악할 수 있는 시간의 크기에 대해서도 살펴보기로 한다.

## 2-2 제논의 패러독스

'시간이란 무엇인가?'라는 의문은 고대 그리스에도 존재했다. 여기서는 고대의 철학자들을 고민하게 만든 제논의 패러독스를 통해 시간의 실체에 좀 더 가까이 다가가보자.

패러독스는 '상식을 거스르는 견해 또는 주장'으로 '역설'이라고도 한다. 요컨대 추론의 주장이 상식적인 사리에 어긋나는 결과에 이르고 논리적으로 쉽게 이해되지 않는 내용을 담고 있는 논제이다. 제논이 제기한 다음의 네 가지 패러독스는 모두 '물체의 운동'과 관련이 있다.

1. 분할의 패러독스
2. 아킬레스와 거북이의 경주 패러독스
3. 공중을 나는 화살의 패러독스
4. 경주로 패러독스

### 분할의 패러독스

분할의 패러독스는 물체가 움직이는 공간에 관한 것이다. 공간과 시간에는 최소 단위라는 것이 존재하지 않아 무한히 분할할 수 있다고 가정한다. 그림에서 X와 Y는 각각 출발점과 도착점이다. 물체가 출발점(X)에서 도착점(Y)에 도달하려

■■■ **그림 2-1 | 분할의 패러독스**

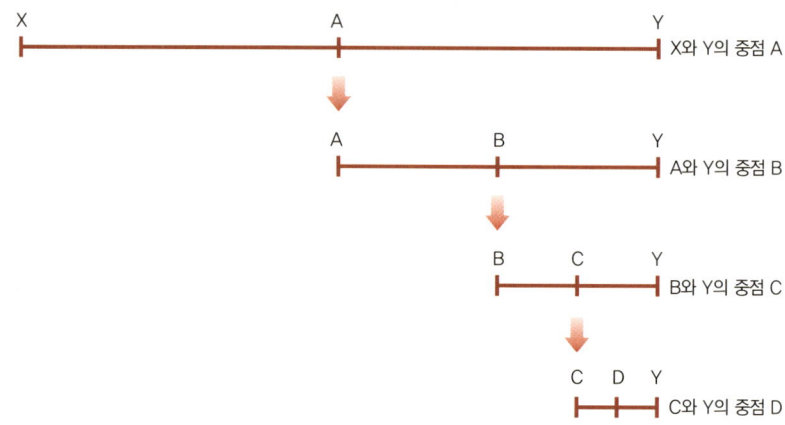

X에서 Y로 이동하려면 맨 처음의 중점 A, 다음의 중점 B, ……, 무한개의 중점을 지나야 한다.

면 반드시 전체 이동 거리의 한가운데 지점, 즉 이동 거리의 절반에 해당하는 중점(A)을 통과해야 한다. 또 그 한가운데 지점(A)과 도착점(Y)의 한가운데 지점(B)을 통과해야 한다. 이런 식으로 계속 '출발점과 도착점의 한가운데 지점'을 설정하면 얼마든지 공간을 분할할 수 있다.

그림과 같이 도착점에 도달하려면 무한개의 중점을 통과해야 하는데 중점과 중점 사이의 간격이 아무리 좁아지더라도 그런 간격이 무한히 많으면 영원히 도착점(Y)에 도달할 수 없다는 것이 제논의 주장이다. 아니, 그렇기는커녕 애초부터 운동은 시작조차 할 수 없다. 공간이 무한히 분할된다면 출발점에서 아무리 가까운 지점이라도 반드시 그 중간 지점이 존재하기 때문이다.

그러나 현실 세계에서 운동은 실제로 존재한다. 따라서 처음에 가정한 '공간과 시간 모두 무한히 분할할 수 있다'는 논리는 결국 불합리한 것이 된다. 이것이 제논의 의도이다.

물론 무한개의 점을 통과해야 하므로 아예 운동을 시작할 수 없다는 것은 현대의 수학적·과학적 관점에서 보면 정확한 결론이라고는 말할 수 없다. 이동 중간에 무한히 많은 점이 있더라도 그 점을 통과하는 데 걸리는 시간 역시 무한히 짧아지고 있다면 논리적으로 아무 문제가 없기 때문이다.

<u>무한소</u>라는 개념은 뉴턴과 라이프니츠의 미적분학이 출현한 이후에 정립되었기 때문에 그리스 시대의 제논에게 현대의 미적분학으로 해석할 수 있는 수준의 정확한 논리를 요구하는 것은 무리일 것이다.

## 아킬레스와 거북이의 경주 패러독스

'아킬레스와 거북이의 경주 패러독스'의 경우는 제논이 직접 기술한 것이 제대로 남아 있지 않기 때문에 아리스토텔레스의 『자연학』에서 그 내용을 단편적으로 추측할 수밖에 없었다. 게다가 아리스토텔레스의 기록에는 '아킬레스'도 '거북이'도 나오지 않는다. 거기에는 '가장 빠른 것'이나 '가장 느린 것'이라는 추상적인 표현만 나올 뿐이다. 아마 후세에 누군가가 이해를 돕기 위해 발 빠르기로 이름난 아킬레스와 느림보의 대명사인 거북이를 주인공으로 인용한 것이 아닐까 생각한다.

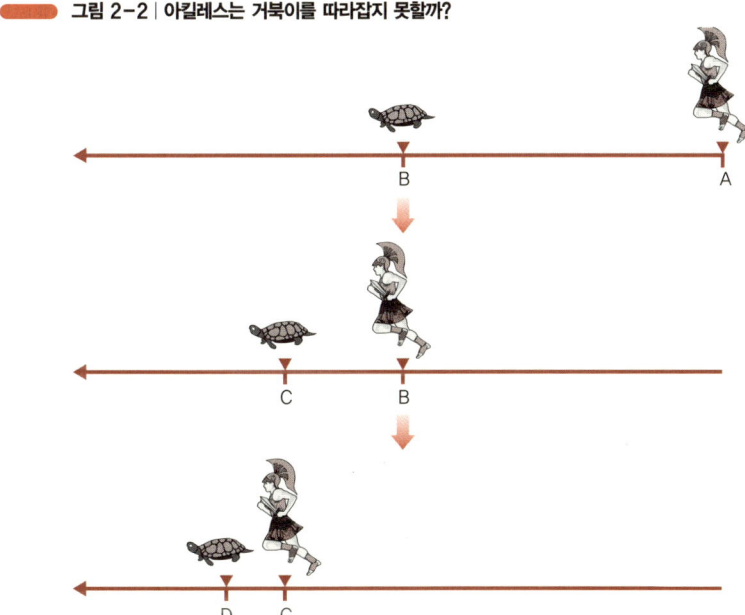

그림 2-2 | 아킬레스는 거북이를 따라잡지 못할까?

'아킬레스와 거북이의 경주 패러독스'에서는 '분할의 패러독스'에서 나온 고정된 출발점과 도착점 대신 아킬레스와 거북이가 경주를 한다. 이때 걸음이 느린 거북이는 아킬레스보다 10m 앞선 위치에서 출발하기로 한다. 이번에도 공간과 시간은 무한히 분할할 수 있다고 가정한다.

출발 신호가 울리면 경주가 시작된다. 아킬레스가 거북이의 출발 지점(B)까지 오면 거북이는 이미 그보다 조금이나마 앞(C)으로 나가 있을 것이다. 다시 아킬레스가 그 지점(C)까지 따라잡으면 거북이는 마찬가지로 그보다 조금이나마 앞(D)으로 나가 있을 것이다. 그런 식으로 매번 아킬레스가 거북이의 위치인 '다음 목적지'에 도달하는 동안 거북이도 느리게나마 조금은 앞으로 나아갔을 것이므로 둘 사이의 간격이 좁혀졌을 뿐 거북이가 아킬레스보다 조금 더 앞에 있다는 사실에는 변함이 없다. 이러한 과정이 무한히 반복되기 때문에 아킬레스는 거북이를 영원히 따라잡지 못한다는 것이 제논의 주장이다.

이런 점에서 앞서 나왔던 '분할의 패러독스'와 내용의 전개가 비슷하다. 현대적인 관점에서 보면 아킬레스의 주행거리가 짧아지면서 주행시간도 점차 줄어들게 되므로 이 과정이 무한히 긴 시간, 즉 '영원히' 반복되는 일은 없다. 미분적분학 이후의 수학과 물리학의 지식으로 해석하면 제논의 패러독스는 더 이상 패러독스가 아닌 셈이다.

## 공중을 나는 화살의 패러독스

화살은 날아가는 동안 매 순간 일정한 지점에 있다. 즉 순간마다 정지해 있는 것이다. 이런 정지 상태가 무한히 연속되는 것을 운동이라고 볼 수는 없다. 즉 화살은 날고 있지 않는 것이 된다.

무한소의 시간 동안 화살도 무한소의 거리만큼 이동한 것으로 보면 무한소가 무한히 모여 일정한 값에 이르게 된다. 즉 유한의 시간에 유한의 거리를 이동하는 것이 되므로 현대적으로 해석하면 아무런 모순이 없다. 무한소나 무한급수의 개념이 정립되지 못했던 그리스 시대라서 가능했던 논리이다.

■■■ 그림 2-3 | 공중을 나는 화살의 패러독스

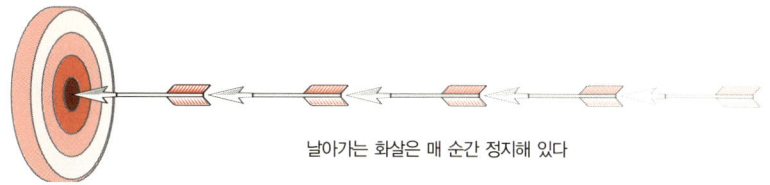

날아가는 화살은 매 순간 정지해 있다

## 경주로 패러독스

지금까지 살펴본 제논의 세 가지 패러독스는 다음과 같은 논리 구조를 가지고 있다. 공간과 시간은 무한히 분할될 수 있다고 가정하면 터무니없는 결론에 이르게 되므로 결국 그 가정에 모순이 있다는 것이다. 다시 말해 공간과 시간에는 최소 단위가 존재한다는 뜻이다. 물론 현대 수학과 과학으로 해석하면 논리적으로 아무 문제가 없다.

'경주로 패러독스'는 앞서 나온 세 가지 패러독스와 다르게 처음부터 **공간과 시간에 최소 단위**가 있다고 가정한다. 여기서 시간의 최소 단위는 그리스어로 $\tau$(타우), 공간의 최소 단위는 $\lambda$(람다)로 나타내기로 한다.

'경주로 패러독스'에는 현대의 육상경기장과 비슷한 곳이 등장한다. 관중석(A)이 있고 그 앞에 경주로가 있다. 설정이 좀 특이하지만 경주로에서 선두 팀(B)과 후속 팀(C)은 같은 속도로 서로 반대 방향으로 달린다고 가정하자. 이때 사각형 하나가 공간의 최소 단위 $\lambda$이다.

관중석에서 볼 때 최소 시간 $\tau$ 동안 선수들은 최소 거리 $\lambda$만큼만 움직였다고 하자. 그런데 이때 관중석의 관중이 아닌 선수들의 시점에서 보면 선두 팀(B)과 후속 팀(C)은 최소 시간 $\tau$ 동안에 최소 거리 $\lambda$가 아니라 서로 $2\lambda$만큼 이동했다. 그렇다면 두 팀이 서로 스쳐 지나간 거리가 최소 거리 $\lambda$가 되려면 이때 걸리는 시간은 $\tau$가 아니고 $\tau/2$이다.

물론 반대 방향으로 달리고 있기 때문에 그런 결과가 나왔겠지만 문제는 $\tau/2$

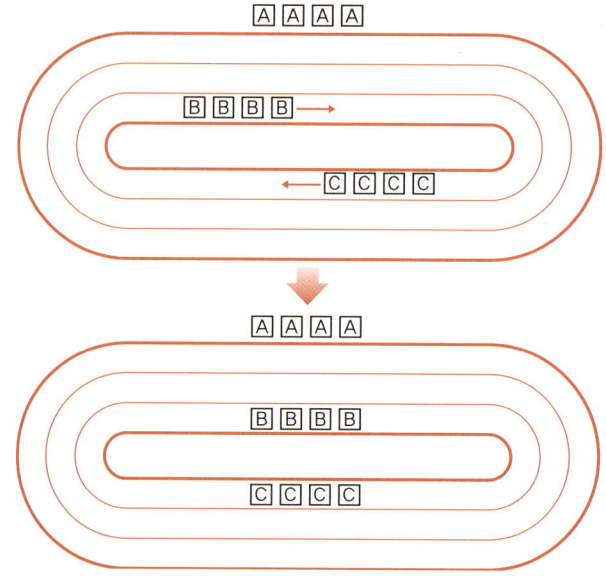

**그림 2-4 | 경주로 패러독스**

관중석은 A, 선두 팀은 B, 후속 팀은 C, 사각형은 공간의 최소 단위 λ를 나타낸다.

라는 시간에 있다. 더 이상 나눌 수 없는 최소 시간에 대해 그 '절반'의 시간이라는 개념이 등장하는 것이다. 시점을 관중에서 선수로 옮긴 것뿐인데 '시간의 최소 단위는 τ'라는 기본 전제가 너무 간단히 무너지고 만다.

그러나 아인슈타인이 상대성이론을 발표한 이후 공간과 시간은 모두 늘어나거나 줄어들 수 있는 대상이 되었다. 그렇다면 고대 그리스 시대의 제논이 주장한 내용은 성립하지 않는다. 그뿐만 아니라 최소 단위 수준에서는 공간이나 시간 모두 양자의 특성을 가지고 있기 때문에 그 존재는 불확정적이고 모호해질 것이다. 이런 관점에서도 제논의 주장은 성립하지 않는다.

제논의 패러독스는 철학의 세계에서 여전히 논해지고 있지만 현대 수학과 물리학의 성과를 통해 다시 분석하면 적어도 심각한 궤변적 논리는 존재하지 않는다. 제논의 패러독스는 최소 단위 수준의 '시공간의 본질'에 대한 일종의 '의문 제기'로 볼 수 있다.

## 제논의 패러독스는 물리학의 시공간 구조 문제

**구몬** 결론적으로 시공간에 최소 단위가 있다는 말인가요?

**유카와** 최근의 양자중력 이론을 이용한 우주론에서는 시간이나 공간에 모두 최소 단위가 있다고 하지. 보조발트(Martin Bojowald)라는 독일의 물리학자가 그에 관한 논문을 여러 편 발표했지.

**구몬** 최소 시간의 절반이라는 개념이 나오게 된 것은 어떤 의미인가요?

**유카와** 최소 단위라고 해도 관중과 선수의 시점에서는 의미가 서로 다르지. 어느 쪽의 시점에서 본 최소 단위인지를 확실히 해두지 않으면 물리학적으로는 의미 없는 논쟁이 되고 말지.

**구몬** 선수의 시점에서 주위가 최소 거리를 움직이는 데 걸리는 시간은 어떻게 되지요?

**유카와** 문제를 바르게 설정하려면 '최소 시간에 주위가 얼마큼의 거리를 움직일까?'라고 물어야 하지. 답을 구체적으로 설명하겠네. 속도 v가 광속의 50%라고 가정하지. 먼저 선수 1의 시점에서 보면 최소 시간 τ 동안에 속도 v로 상대적으로 움직이고 있는 관객석은 최소 거리 λ만큼만 움직이지. 또 선수 1의 시점에서 선수 2는 2v보다 느린 속도로 움직이는 것처럼 보이게 돼. 상대성이론의 효과로 나타나는 현상이지. 계산으로는 광속의 80%가 되지.

**구몬** 왜 그렇게 되나요?

**유카와** 상대성이론에서는 속도의 덧셈 공식이 v + v = 1/2 + 1/2 = 100% = 광속(c)이 아니라 다음과 같이 바뀌기 때문이지.

$$\frac{v+v}{1+v \times v} = \frac{\frac{1}{2}+\frac{1}{2}}{1+\frac{1}{2}\times\frac{1}{2}} = \frac{1}{\left(\frac{5}{4}\right)} = \frac{4}{5} = 80\%$$

광속이 최고 속도이기 때문에 아무리 속도를 더해도 항상 광속 이하가 되지.

**구몬** 덧셈 공식도 바뀌는 건가요?

**유카와** 그렇다네. 선수 1의 시계로 최소 시간 τ가 지났을 때 단순 계산으로는 선수 2가 (80%/50%=) 1.6λ만 움직인 것이 되지. 그런데 최소 단위라면 소수점 이하의 값은 의미가 없기 때문에 2λ에 모자라면 그냥 λ로 보아야 하지. 다시 최소 시간이 경과해서 2τ가 되면 단순 계산으로는 3.2λ만 움직인 것이 되지만 역시 최소 단위로 표현하면 3λ가 되지. 그런데 시공간의 최소 단위 수준에서는 속도는 광속 외에는 의미가 없는데다 여기에 양자론의 불확정성 개념까지 포함되면 역시 제논의 패러독스는 물리학의 궁극 이론에 관한 시공간의 구조 문제가 되는 거지.

**구몬** 쿨…, 드르렁…….

**주몬지** 그새 구몬이 잠들었는데요.

## 2-3 공간의 양자가설

그리스 시대의 제논이 제시한 패러독스가
현대의 우리에게는 과연 무의미한 공론에 지나지 않을까?
현대 과학의 관점에서 제논의 패러독스가 지닌
의미와 가치를 새롭게 검토하기로 한다.

### 제논의 패러독스가 지닌 본질적 의미

여전히 제논의 주장을 시대에 뒤떨어진 터무니없는 궤변으로 여긴다면 여기서 현대적 시각으로 제논의 견해를 다시 분석해보자. 고대 그리스의 패러독스는 그저 사람들을 조롱하거나 곤혹스럽게 만들기 위한 것이 아니다. 그 본질은 '시간과 공간의 실체를 더욱 면밀하게 분석하기 위한 것'이다. 그래서 그 정신과 논증적 태도만큼은 현대 수학과 과학 논리의 발전에 기여한 바가 크다.

그렇다면 제논의 패러독스가 문제로 삼는 시간과 공간의 최소 단위에 관해 생각해보자. 결론부터 말하자면 현대적인 관점에서 보면 시간과 공간에는 '**최소 단위**가 있다'고 할 수 있다. 그런데 이때의 최소 단위는 우리가 흔히 알고 있는 의미의 최소 단위와는 조금 다르다.

### 물질의 최소 단위

이를 이해하려면 우선 범위를 좁혀 시간과 공간에 존재하는 물질부터 생각해야 한다. 일반적인 의미의 물질을 작게 나누면 분자가 되고, 분자를 더 작게 나누면 원자가 된다. 원자는 다시 원자핵과 전자로 나눈다. 전자는 더 이상 나눌 수 없지만 원자핵은 양성자와 중성자로 나누고, 양성자와 중성자는 다시 쿼크(quark)로 나눌 수 있다. 하나의 개체로 존재하는 쿼크는 아직 발견되지 않았지만 현재 그 존재를 의심하는 물리학자는 거의 없다.

그렇다면 전자나 쿼크 같은 '소립자'가 물질의 최소 단위일까? 일단 '그렇다'고 대답해도 좋다. 다만 소립자는 그보다 한층 더 작은 초끈이라는 고리 모양의 에너지 상태에서 생긴다는 설도 유력하다. 이에 관한 자세한 내용은 제4장을 참고한다.

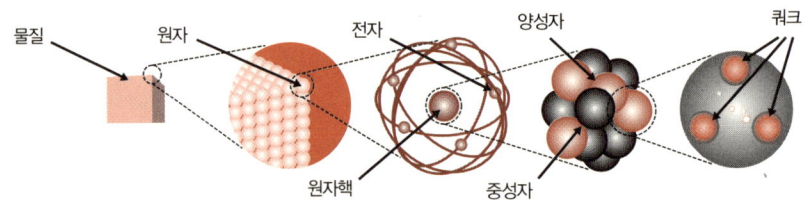

그림 2-5 | 물질의 최소 단위

## 물질의 궁극적 상태

문제는 물질의 최소 단위인 소립자가 일반 물질과는 전혀 다른 성질을 갖는다는 점이다. 물질을 잘게 쪼개면 작은 입자가 된다. 이를 더 잘게 쪼개어 소립자 수준에 이르면 그것은 이미 단순한 입자가 아니다. 그것은 **'양자'**라고 하는데, 일반 물질의 개념으로는 그 성질을 이해하기가 어렵다. 일반 입자는 단단하거나 색을 띠지만 양자는 그런 딱딱함이나 색이 없을 뿐더러 입자가 되기도 하고 파동이 되기도 하는 기묘한 성질을 갖고 있다.

양자에는 **전하, 질량, 회전(스핀)**이라는 세 가지 성질만 있다. 위에서 말했듯이 양자는 굳기나 색이 없다. 양자는 입자처럼 개수를 셀 수 있지만 그와 동시에 파동처럼 서로 부딪히면 소멸하기도 하고, 두 파동의 마루가 한 지점에서 만나 겹쳐져서 진폭이 높아지는 '간섭' 효과가 나타나기도 한다. 또 일반 물질이라면 속도를 서서히 떨어뜨려 운동에너지를 서서히 줄일 수 있지만 양자에서는 그렇게 할 수 없다. 양자의 에너지는 연속적인 것이 아니라 특정하게 정해진 값만 가질 수 있기 때문에 특정한 값 사이의 중간 에너지를 갖는 것은 불가능하기 때문이다.

## 시간 양자 · 공간 양자의 출현

결국 물질의 최소 단위라고 하는 양자는 이미 물질이라고 하기 어렵다. 이와 마찬가지로 시간이나 공간의 최소 단위도 일반적인 시간이나 공간과는 성질이 전혀 다를 수 있다. 이런 점에서 시간과 공간의 최소 단위를 **시간 양자**와 **공간 양자**라고 부르기로 하자. 시간 양자와 공간 양자는 뒤에서 설명할 플랑크 시간 및 플랑크 길이와 밀접한 관계가 있다.

시간과 공간의 본질이 무엇인지를 캐묻는 제논의 패러독스는 현대적인 관점에서 '양자 시간과 양자 공간이 어떤 구조를 갖는가?'에 대한 의문으로 해석할 수 있다. 이와 같이 지극히 철학적인 질문에는 철학적 사고의 틀만으로는 대답할 수가 없다. 이 궁극적인 물음에 답하려면 현대 물리학의 '궁극 이론'의 개념이 반드시 필요하기 때문이다. 이에 관한 자세한 내용은 제4장을 참고한다.

# 2-4 칸트의 코페르니쿠스적 전환

독일의 위대한 철학자 칸트는 시간에 대해서도 깊이 사유하고 통찰했다.
여기서는 코페르니쿠스적 전환으로 일컫는 칸트의 시공관(時空觀)을 알아보기로 한다.

칸트는 시간 관리에 매우 철저하고 정확했다. 그에 관한 유명한 일화도 있다. 칸트는 독일 쾨니히스베르크(현재는 칼리닌그라드)에 있는 대학에 재직했는데 하루도 어김없이 같은 시간에 산책을 했다고 한다. 그래서 마을 주민들은 칸트가 나타나면 시계를 보지 않아도 몇 시인지 알 수 있었다고 한다. 이처럼 지극히 규칙적인 생애를 살았던 칸트가 시간에 대해서는 어떤 생각을 했을까?

### 『순수이성 비판』과 『형이상학 서설』

'칸트' 하면 먼저 떠오르는 것이 명저 『순수이성 비판』이다. 그러나 철학을 공부하는 사람이 아닌 이상 이 두껍고 난해한 책을 선뜻 가까이 하기란 쉽지 않다. 실제로 칸트의 사상은 당시에 주변 사람들에게 평가는커녕 혹평과 오해를 많이 받았다. 칸트 자신도 그런 점을 염려하여 사람들이 자신의 철학 사상을 좀 더 쉽게 이해하고 친숙해지도록 하려는 의도에서 펴낸 책이 『형이상학 서설』이다.

▬ 그림 2-6 | 칸트(Immanuel Kant, 1724~1804)의 초상

독일의 철학자. 비판철학을 수립하여 근대 철학의 시조로 불린다. 저서에는 『순수이성 비판』, 『실천이성 비판』, 『판단력 비판』 등이 있다.

**분석판단과 종합판단**

지금부터는 『순수이성 비판』과 『형이상학 서설』을 바탕으로 칸트가 사유한 시간이란 무엇인지 알아보기로 한다. 먼저 칸트가 인용한 몇 가지 구체적인 예를 보자.

예1: 모든 물체는 공간을 차지한다
예2: 2+3=5

두 가지 다 당연해 보이지만 예 1은 '**분석판단**'이고, 예 2는 '**종합판단**'이다. 예 1의 '물체'라는 개념에는 원래부터 '공간을 차지한다'는 개념이 포함돼 있기 때문에 주어(물체)의 개념만 분석하면 술어(공간을 차지한다)의 개념을 알게 된다. 다시 말해 분석판단에서는 정보나 지식의 양은 늘어나지 않고 그대로이다.

반면에 예 2의 경우는 2와 3 어느 쪽의 개념에도 5라는 개념이 포함되어 있지

않다. 2와 3이라는 두 가지 개념에서 그것과 아무런 관계가 없는 5라는 개념이 도출되는 것은 간단한 분석으로는 이해되지 않는다. '더하기'라는 수학 연산에 의해 종합적으로 이해할 수밖에 없다.

이처럼 칸트는 모든 판단을 세계에 대한 새로운 정보와 지식을 더해주지 못하는 분석판단과 세계에 대한 새로운 정보와 지식을 확장시켜주는 종합판단으로 구분한다.

■■■ 그림 2-7 | 분석판단과 종합판단

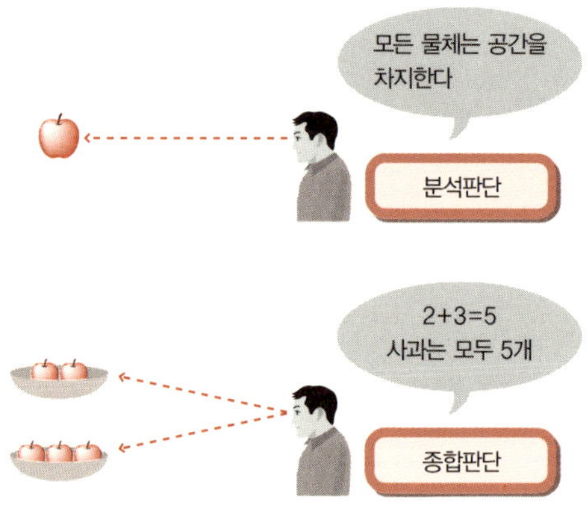

모든 물체는 공간을 차지한다
분석판단

2+3=5
사과는 모두 5개
종합판단

## 선천적인 종합판단이 어떻게 가능한가?

칸트는 판단을 다시 경험에 의한 것과 경험이 필요 없는 것으로 구분한다. 이 각각은 라틴어로 아포스테리오리(a posteriori)와 아프리오리(a priori)라고 한다. 칸트는 『순수이성 비판』에서 이 두 개념을 다음과 같이 설명했다.

"아포스테리오리한 인식은 경험적이며 그 기원은 경험에 있다."
"아프리오리한 인식은 경험과 전혀 관계가 없다."

철학적으로 너무 깊이 들어가기 전에 시간의 이야기로 되돌아가자. 칸트는 『형이상학 서설』에서 '아프리오리한 종합판단이 어떻게 가능한 것일까?'라는 의문에 몰두했다. 구체적인 예로 수학과 자연과학을 들었는데 그 맥락에 따라 칸트는 독자적인 시간관과 공간관을 펼치기 시작했다.

## 공간과 시간은 물리계에 실재하지 않는다!?

칸트는 『형이상학 서설』에서 기하학적 판단과 수학적 판단이 가능한 이유로 다음과 같은 주장을 내세웠다.

> "기하학의 바탕에는 공간이라는 순수직관이 있다. 또 수학은 시간의 단위를 순차적으로 부가함으로써 그 수 개념까지 성립하게 만든다. 또 물체와 그 변화(운동)에 대한 경험적 직관에서 경험적인 것, 즉 감각에 속한 것을 모두 제외해도 공간과 시간은 남는다."

어려운 말이 많이 나오지만 요컨대 우리가 수학적 또는 자연과학적인 판단을 할 수 있는 것은 인간에게는 원래 공간과 시간을 직관적으로 이해하고 받아들이는 태도가 존재하기 때문이라는 말이다. 이는 칸트의 『형이상학 서설』에 나오는 다음과 같은 말로 요약할 수 있다.

> "공간과 시간은 인간이 가진 감성의 형식적 조건에 지나지 않는다."

현대적으로 풀이하면 공간과 시간은 우리 뇌가 외부 세계를 이해하기 쉽도록 해주는 개념틀이므로 물리계에는 실재하지 않는다는 것이다. 선글라스를 쓰면 외부 세계의 색이 다르게 보이는 것처럼 인간의 뇌에는 이미 공간과 시간이라는 형식이 있어서 그것을 통해 외부 세계를 보고 이해한다는 것이다. 달리 말하면 외부 세계에서 들어온 정보를 시간과 공간이라는 뇌 속의 '필터'로 걸러 해석하는 것이다.

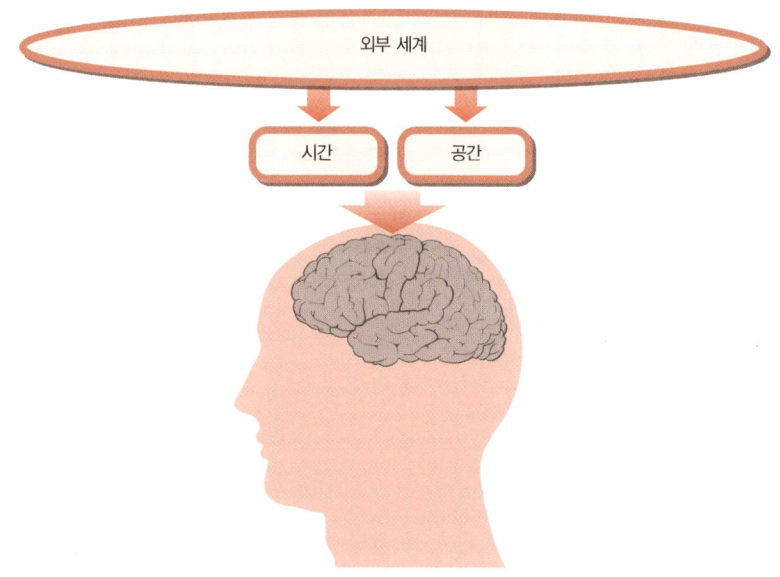

▬ 그림 2-8 | 공간과 시간이라는 개념틀

## 코페르니쿠스적 전환 – 칸트의 시공관

칸트는 뉴턴의 열광적인 독자였다. 과학철학의 관점에서 보면 칸트의 업적 중에는 뉴턴의 고전역학에 철학적인 기초를 다진 것도 포함된다. 그러나 뉴턴에게 시간과 공간은 물리 세계에 객관적으로 실재하는 엄연한 존재였던 것에 비해 칸트에게 시간과 공간은 뇌의 정보 처리 시스템에 지나지 않는 결코 실재하지 않는 존재였다.

뇌 과학이 경이적인 발전을 거듭하고 있는 현대에 칸트가 말한 '감성 형식'을 단순히 '뇌의 필터'로 표현한 것은 칸트의 시공관을 현대적으로 알기 쉽게 풀이하려는 뜻에서 나온 저자의 지나친 비유이므로 철학자들은 위화감을 거두기 바란다.

칸트 이전에 시간과 공간이 물리 세계가 아니라 인간에 속한 '형식'에 불과하다고 생각한 사람은 없었다. 그래서 칸트 스스로도 말했듯이 그의 철학과 사상은 '코페르니쿠스적 전환'으로 평가된다. 불변의 진리로 받아들여지던 천동설 대신 지동설을 주장한 코페르니쿠스와 마찬가지로 세계를 인식할 때 시간과 공간은 외부가 아닌 인간 내부에 있다는 칸트의 혁명적인 사유의 전환을 기리는 말이다.

칸트의 철학에서 시간론의 범주를 넘는 영역은 여기서 더 이상 다루지 않을 것이므로 칸트의 철학 전반에 흥미가 있는 독자는 참고문헌을 찾아보기 바란다.

### 『순수이성 비판』은 명저 중의 명저?!

**구몬** 『순수이성 비판』이란 책은 제목만 몇 번 들어봤는데 그렇게 대단한 책인가요?
**유카와** 명저 중의 명저이지.
**주몬지** 전 아직 읽지 못했는데요.
**유카와** 사실은 나도 다 읽지는 못했네.
**구몬** 아니, 선생님은 물리학과 과학철학을 전공하셨는데…….
**유카와** 그건 그렇지.
**구몬** 그런 명저 중의 명저를 아직 다 읽지 못하셨다는 말인가요?
**유카와** 칸트 철학을 전공한 사람에게는 필독서이겠지만 워낙 두껍고 어려워서 말이야. 대신 얇고 읽기 편한 『형이상학 서설』이 있으니까 그걸 천천히 읽으면 되지.
**구몬** 그렇군요. 그런데 레제는 왜 아까부터 말이 없는 거지?
**레제** 사실 저는 『순수이성 비판』이 재미있어서 여러 번 읽었거든요.
**레제 외** …….

**참고문헌** 純粹理性批判: Immanuel Kant(著), 篠田英雄(訳), 岩波書店, 1961
プロレゴメナ: Immanuel Kant(著), 篠田英雄(訳), 岩波書店, 1977

# 2-5 베르그송의 순수지속

베르그송의 시간관에서는 '순수지속'이 핵심 개념이다.
눈을 감고 마음으로 느끼는 시간의 흐름,
그것이 바로 '순수지속'이다.

### 물리적 시간과 분리된 '의식'

『창조적 진화』는 베르그송 철학의 집대성이라 불리는 대작이다. 베르그송은 이 책에서 '생(生)의 비약(elan vital)'이란 개념을 제시했다. 생명은 단순한 물질과는 달리 에너지를 축적하고 이용해 자유롭게 행동할 수 있다고 설명한다. 베르그송에 따르면 생명은 그런 성질을 갖지 않는 단순한 물질과 항시 투쟁하고 있다.

생명의 기본은 '의식'이다. 베르그송은 그 의식을 '순수지속'이라고 부른다. 그것은 물리학적 시간과 구별되는 심리학적 시간이다. 우리가 의식적으로 체험하는 시간 그 자체인 것이다. 베르그송은 애매모호한 '시간'에 물리적 시간과 심리적 시간의 두 종류가 있음을 명확히 인식한 위대한 철학자였다.

## 물리학적 시간과 심리학적 시간

베르그송은 이 두 가지 시간을 다음과 같이 정의했다.

> 물리학적 시간 = 항상 균질하고 측정 가능하며 거꾸로 흐를 수 있다.
> 심리학적 시간 = 항상 이질적이고 측정 불가능하며 거꾸로 흐를 수 없다.

물리학적 시간은 요컨대 물리학 방정식에 나오는 기호 't'로 나타낼 수 있는 변수이다. 이 기호의 부호를 바꿔 '−t'로 해도 물리학의 기초 방정식은 성립한다. 영화에서 장면을 거꾸로 돌릴 수 있는 것과 마찬가지이다.

반면 순수지속, 즉 심리학적 시간은 거꾸로 흐르지 않는다. 그래서 우리는 미래를 기억할 수 없고 과거를 예측할 수 없다. 베르그송은 우리 내면의 순수지속을 외부 공간에 '투영'한 것이 바로 물리학적 시간이라고 말한다. 따라서 물리학적 시간은 공간 속에서만 그 길이를 잴 수 있다. 앞서 말했듯이 시계추, 쿼츠의 진동, 지구의 공전 등을 이용한 시간 측정법은 모두 공간 속에서 이루어진다.

베르그송은 아인슈타인이 상대성이론에서 주장하는 시간 개념을 분석하여 자신이 내세운 순수지속과의 정합성을 증명하려고 애썼으나 크게 인정받지는 못했다. 대부분의 철학자나 과학자들은 심리학적 시간 역시 결국은 뇌 과학의 발전에 힘입어 물리학적으로 설명될 수 있다고 볼 것이다. 그렇게 된다고 해도 베르그송이 시간을 물리학적 시간과 심리학적 시간으로 명확히 구분할 수 있었던 날카로운 통찰력을 지닌 철학자라는 점에는 변함이 없다.

참고문헌 創造的進化: Henri Bergson(著), 眞方敬道(訳), 岩波書店, 1979
　　　　 時: 渡辺 慧(著), 河出書房新社, 1989

## 순수지속은 마음속 시간의 흐름

구몬    듣기만 해서는 무슨 말인지 도무지 모르겠어요. 그림으로 그려서 설명해주시면 안 될까요?

유카와    그림이라, 그런데 그렇게는 설명할 수가 없다네.

구몬    왜 그런가요?

유카와    이슬람교에서는 우상숭배를 금지하기 때문에 알라신의 그림은 존재하지 않지. 그것과 마찬가지로 그림으로 표현할 수 없는 것도 있지.

구몬    음……, 그렇군요.

유카와    베르그송은 시간의 공간화에 반대했지. 그런 그의 주장을 그림으로 표현하는 것은 곧 시간을 공간 속에 그리는 셈이 되지.

구몬    …….

유카와    순수지속은 결코 어려운 개념이 아니야. 자, 눈을 감고 마음속으로 시간의 흐름을 느껴보게나. 그게 바로 순수지속이라는 것일세.

구몬    쿨…….

주몬지    또 잠들었는데요.

## 2-6 코끼리의 시간과 쥐의 시간

화제를 돌려보자.
몸집이 큰 코끼리와 조그만 쥐가 느끼는 시간의 흐름은 어떻게 다를까?
동물의 크기와 일생 동안의 심장박동수 사이에는 흥미로운 법칙이 있다.

햄스터를 길러본 사람이면 누구나 느끼는 것이 왜 이렇게 귀여운 녀석이 오래 살지 못할까 하는 안타까움일 것이다. 매미는 성충이 되고 나서 일주일밖에 살지 못하고 하루살이는 이름 그대로 하루만 산다. 반면에 인도코끼리는 70년을 살고, 바다거북도 30~40년이라는 긴 평균수명을 자랑한다.

경험 법칙에 따르면 몸의 크기가 작은 생물은 수명이 짧고 큰 생물은 수명이 길다. 그 이유는 과연 무엇일까? 여기에는 유명한 **'스케일 법칙'**이 숨어 있다. 스케일이란 비교를 위한 척도이다.

### 스케일 법칙의 불가사의한 일치

코끼리는 동작이 매우 느리고 완만한 데 비해 쥐는 잠시도 쉬지 않고 움직이며 잽싸게 이리저리 돌아다닌다. 호흡과 심박수도 이와 비슷한 경향을 보여 코끼리는 느리고, 쥐는 빠르다. 이런 코끼리와 쥐도 조금 다른 척도로 비교하면 공통점을 찾을 수 있다. 코끼리도 쥐도 어떤 시간 동안의 호흡과 심박수의 비는 다음과 같이 일정하다.

심장 박동수 ÷ 호흡수 ≒ 4

즉 코끼리도 쥐도 모두 심장이 네 번 뛸 때마다 한 번 호흡한다. 그뿐만 아니라 코끼리도 쥐도 일생 동안 약 2억 번 숨을 쉰다. 심장박동수는 그 네 배이므로 8억 번이 된다.

이런 점을 고려하면 코끼리는 오래 살고 쥐는 일찍 죽는다는 것은 잘못된 인식일지 모른다. 영원할 것 같은 우주의 시간과, 그에 견주면 찰나에 불과한 인간의 생리적(심리학적) 시간도 이런 척도로 비교하면 다르게 해석될 수 있다. 인간의 잣대로 다른 동물의 수명을 짧다니 길다니 하며 평가할 일은 아닌 것이다.

## 몸무게와 심장주기의 관계

결국 코끼리나 쥐나 모두 일생에 대한 '체감 시간'은 거의 같은 셈이다. 대부분의 포유류는 심장이 8억 번 정도 박동하면 수명을 다하게 된다. 벌레나 곤충은 단순한 비교로 평가하기 어렵지만 그래도 웬만한 생물은 자신의 시간 척도로는

▬▬ 그림 2-9 | 몸무게와 심장주기의 관계

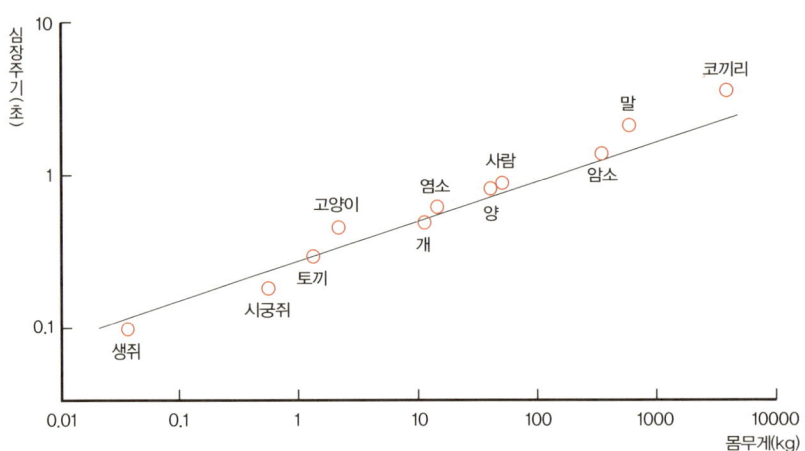

길건 짧건 그에 걸맞은 수명 시간을 느끼며 사는 듯하다. 얼마 살지 못하고 세상을 뜬 당신의 햄스터는 그 나름의 시간 척도로는 타고난 수명을 다한 것이므로 너무 안타까워하지 말기를 바란다.

**참고문헌** パンダの親指 - 進化論再考(下): Stephen Jay Gould(著), 桜町翠軒(訳), 早川書房, 1996
ゾウの時間ネズミの時間-サイズの生物学: 本川達雄(著), 中央公論新社, 1992

#  에른스트 푀펠의 시간론

에른스트 푀펠은 시간의 본질을 파헤치는 날카로운 가설을 제기했다.
자세한 내용은 다음 절에서 살펴보기로 하고
여기서는 먼저 인간의 생리적 반응속도에 대해 알아보자.

### 에른스트 푀펠

에른스트 푀펠(Ernst Poeppel)은 독일 뮌헨대학의 임상 심리학 연구소 소장이다. 푀펠은 폴란드에서 태어나 제2차 세계대전 중에 독일로 강제 이주를 당했다. 그때 푀펠은 서독으로 가고 다른 형제는 동독으로 가게 되었다고 한다. 푀펠의 강의에서 들었던 그의 가슴 아픈 기억이다.

이런 가슴 아픈 기억을 지닌 푀펠은 삶에 대한 깊은 통찰을 통하여 모든 문제를 철학적으로 풀어냈다. 그는 시간에 대해서도 날카로운 사유와 시선으로 그 본질을 분석하고 있다.

### 빛과 소리가 도달하는 속도

먼저 다음 문제부터 생각해보자.

빛과 소리의 정보가 우리에게 '동시'에 도달하려면 어느 정도 멀리 떨어져 있어야 할까?

'불꽃놀이'를 떠올려보자. 우리는 밤하늘을 화려하게 수놓는 불꽃들을 '본다'. 그리고 잠시 후 '펑펑' 하는 소리를 '듣는다'. 불꽃에서 나온 빛과 소리의 정보는 시간차를 두고 우리에게 도달한다. 광속이 음속보다 빠르기 때문이다. 소리는 1초에 약 330m를 가고 빛은 1초에 약 3억m를 간다. 마하로 표시하면 음속은 마하 1이고 광속은 마하 90만이다. 빛이 소리보다 90만 배나 빠른 속도로 전달되기 때문에 어떤 현상(예를 들면 불꽃)의 빛과 소리가 우리에게 '동시'에 도달하는 것은 불가능하다.

▬ 그림 2-10 | 빛과 소리의 도달 속도

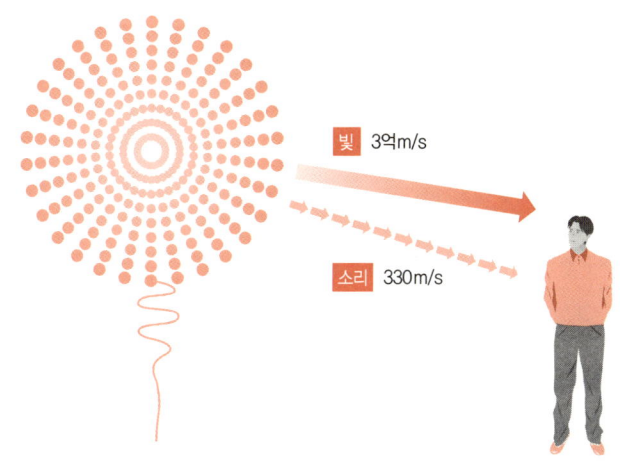

## 청각 정보와 시각 정보 중 어느 쪽에 더 빨리 반응할까?

우리가 불꽃을 보고 들을 수 있는 능력은 광속과 음속이라는 물리적 속도에만 의존하는 것은 아니다. 빛 정보가 우리 눈으로 들어오면 먼저 망막에서 화학반응이 일어나고 전기신호로 변환되어 후두엽의 시각중추에서 처리된다. 이와 비슷하게 소리 정보는 귀로 들어온 후 고막을 진동시키고 여러 과정을 거쳐 측두엽의 청각중추에서 처리된다. 그런데 빛과 소리가 우리의 눈과 귀에 들어온 후 처리되는 속도를 실험한 결과 다음과 같은 의외의 사실을 알게 되었다.

### 청각이 시각보다 정보를 처리하는 속도가 빠르다

반응속도를 측정해보면 그 차이를 확인할 수 있다. 청각의 반응속도는 약 0.13초, 시각의 반응속도는 약 0.17초이다.

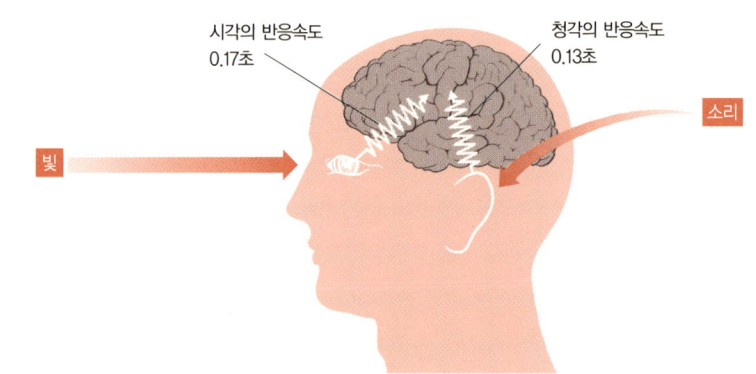

그림 2-11 | 청각 정보와 시각 정보의 반응속도

다시 말해 빛은 소리보다 빨리 전달되지만 우리 눈으로 들어온 후 '보인다'라고 느끼기까지의 시간은 상대적으로 길다. 반대로 소리는 빛보다 느리게 전달되지만 우리 귀로 들어온 후 '들린다'라고 느끼기까지의 시간은 의외로 빠르다는 것이다.

불꽃놀이는 꽤 멀리서 일어나기 때문에 빛에 대한 지각이 소리에 대한 지각보다 더 앞서지만 만약 그보다 좀 더 가까운 거리에서 빛과 소리의 정보가 동시에 출발한다면 소리가 들리고 나서 빛이 보이는 경우도 충분히 있을 수 있다.

푀펠은 실험을 통해 빛과 소리가 '동시에 지각되는 거리'를 측정했다. 그 결과 우리가 위치한 지점에서 12m 떨어진 곳에서 빛과 소리의 정보가 동시에 출발하면 우리 뇌는 그 두 가지 정보를 동시에 지각한다는 것이다.

만약 12m보다 멀면 공간을 통해 전달되는 거리가 길어지므로 광속과 음속의 차이가 크게 반영되어 '빛이 소리보다 더 빨리 지각'된다. 멀리 있는 적은 눈으로 보고 확인하는 것이 좋다는 뜻이다. 반대로 12m보다 가까우면 광속과 음속의 차이보다는 체내에서 반응하는 속도가 더 크게 반영되기 때문에 '빛보다 소리가 더 빨리 지각'된다. 따라서 가까이에 있는 적은 소리로 알아내는 것이 현명하다.

실제로 탁구나 스쿼시 같은 종목은 공의 움직임이 대부분 12m 이내에서 일어나기 때문에 실력 있는 선수라면 '소리'에 민감해야 한다. 눈으로만 공을 쫓다가는 상대를 쉽게 이길 수 없다. 물론 시각이 중요한 건 사실이지만 이런 조건에서는 공이 튀어서 되돌아오는 모습보다는 소리가 더 빨리 지각되므로 그 순간에 신속하게 반응할 수 있다면 더 유리하다는 뜻이다.

시간
탐험대

### 뇌 속의 정보처리 속도

**구몬**　빛은 대기 중에서 1초에 약 3억m를 가고 소리는 1초에 약 330m를 간다고 하셨죠?

**유카와**　그렇지.

**구몬**　그런데 빛은 눈으로 들어오면 처리 속도가 느려지고 소리는 귀로 들어오면 처리 속도가 빨라진다는 말씀인가요?

**유카와**　그렇지 뇌 속의 정보처리 속도에 차이가 있기 때문에 그처럼 반대가 되지.

**구몬**　그럼 유명한 탁구 선수들은 모두 공이 움직이는 모습보다는 소리에 먼저 반응하나요?

**유카와**　실력 있는 선수라면 그렇지 않을까? 물론 반응이 빨라도 공을 정확하게 맞추는 능력이 부족하면 소용없지만 말이야.

**구몬**　음……, 그건 그렇겠군요.

## 2-8 가장 짧은 시간과 가장 긴 시간 (2) – 푀펠의 가설

지금부터 소개할 내용은 푀펠이 제시한 가설에서 가장 흥미로운 부분이다.
인간은 자신도 모르게 가장 짧은 시간(100분의 3초)과
가장 긴 시간(3초)으로 외부 세계를 인식한다고 한다.

### 인간이 감지할 수 있는 시간

푀펠의 시간론에는 인간이 감지할 수 있는 제일 짧은 시간과 제일 긴 시간에 관한 매우 흥미로운 가설이 등장한다.

**인간이 감지할 수 있는 가장 짧은 시간은 100분의 3초이고,
인간이 감지할 수 있는 가장 긴 시간은 3초이다.**

인간의 뇌 신경계가 식별해서 반응할 수 있는 자극의 단위가 100분의 3초라는 것은 어느 정도 납득이 가지만 가장 긴 시간이 3초라는 것은 의외다.

우선 가장 짧은 시간부터 살펴보자. 피실험자에게 빛과 소리의 정보를 제시하고 그 반응을 관찰했더니 반응 간격이 특정 시간에 치우치는 경향을 보였다. 그 시간 간격이 100분의 3초라고 한다. 즉 정보 식별과 그 다음의 반응을 결정하는 과정이 1초에 30회 정도밖에 일어나지 않는다는 뜻이다. 물론 이 정도라면 인간이 생존하는 데 지장은 없을 것이다.

이런 현상이 왜 일어나는지에 대한 구체적인 메커니즘은 아직 밝혀지지 않았

지만 우리의 뇌 신경계가 100분의 3초를 주기로 시계추처럼 진동하는 것을 그 이유로 보고 있다. 여기서 100분의 3초란 시계나 스톱워치의 가장 짧은 시간 단위와 마찬가지인 셈이다.

### 네커의 정육면체*를 이용한 실험

다음은 가장 긴 시간에 대해 알아보자. 인간이 감지할 수 있는 가장 긴 시간을 '실험'으로 검증하는 것은 의외로 간단하다. 아래 그림을 보기 바란다.

▬▬▬ 그림 2-12 | 네커의 정육면체

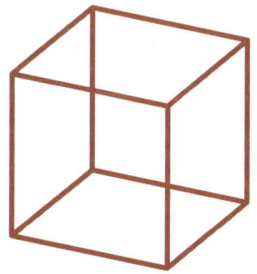

이 도형은 심리학에서 자주 인용되는 '네커의 정육면체(Necker's cube)'이다. 이 그림을 계속 쳐다보면 면이 반전된다. 여기서 다음 과제를 풀어보자. 시간을 재는 일은 다른 사람에게 부탁한다.

> 네커의 정육면체를 응시한다. 이때 면이 반전되지 않도록 의식적으로 노력한다.
> 그 상태가 지속되는 시간을 잰다.

● 네커의 정육면체 네커라는 광물학자가 현미경을 통해 결정을 관찰했을 때 경험했던 것을 토대로 만들었다.

아마 생각만큼 쉽지 않을 것이다. 시선을 고정시키고 아무리 애를 써도 불과 몇 초가 지나지 않아 금세 정육면체의 면이 반전된다. 이유는 무엇일까?

## 3초 만에 새롭게 바뀌는 인간의 의식

푀펠의 가설에 따르면 인간의 의식은 지속되는 것이 아니라 3초에 한 번씩 새롭게 바뀌기 때문이라고 한다. 컴퓨터 화면이나 영화 장면같이 인간이 지닌 의식의 창도 3초라는 일정 시간 간격으로 분절되어 있기 때문이다. 그러나 컴퓨터 화면이 주기적으로 전환되거나 영화의 한 장면에 여러 개의 프레임이 들어 있어도 우리는 그것을 알아차리지 못한다. 이와 마찬가지로 자신의 의식이 3초마다 새롭게 바뀌는 것도 깨닫지 못한다는 것이 푀펠의 주장이다.

네커의 정육면체는 이런 원리를 이해하는 데 매우 효과적인 예이다. 그 밖에도 동서고금의 유명한 음악의 주선율 부분은 3초 정도인 것이 많고, 우리가 하는 이야기도 약 3초 간격으로 분절된다고 한다. 심리학적 시간에서 가장 짧은 시간은 100분의 3초(보충 1)●이고 가장 긴 시간은 3초(보충 2)●인 것이다.

●보충 1 인간의 오른쪽과 왼쪽 귀에 시간차를 두고 소리를 들려주면 천 분의 수초 정도까지 두 개의 소리를 판별한다. 그러나 이보다 시간차가 작으면 하나의 음으로 지각된다. 그렇다면 인간이 지각할 수 있는 가장 짧은 시간은 100분의 3초가 아닌 셈이다. 그러나 푀펠의 가설에 나온 최소 시간은 주어진 자극이 무엇인지 파악하고 그에 따라 적절한 행동을 취하는 일련의 과정에 필요한 시간이다. 머릿속에 든 시계추에 비유할 수 있다.

●보충 2 개인차가 있기 때문에 대략적인 평균값으로 나타낸 시간이다.

## 푀펠 박사 일본에 오다

레제     푀펠 박사를 만난 적이 있나요?

유카와   이탈리아 볼로냐에서 열린 뇌에 관한 워크숍에서 뵌 적이 있지.

레제     어떤 분이셨나요?

유카와   초로의 점잖은 분이시지. 실험을 하다 손가락을 여러 개 잃었지만 장갑으로 감추려고 하지 않고 당당하게 말씀하셨던 것이 인상적이었지.

레제     푀펠 박사가 일본에 오신 적은 없나요?

유카와   오신 적이 있다더군. 일본에 잠시 계실 때는 카페 같은 곳에서 귀를 바짝 세우고 다른 사람의 이야기를 엿들었던 모양이야.

레제     무슨 말씀인지…….

유카와   푀펠 박사는 일본어는 못했지만 사람들이 이야기를 할 때 문장이 주기적으로 분절된다는 사실은 알고 있었지. 그래서 일본어로 말을 할 때도 3초마다 끊기는지 잘 들어보았던 거지.

주몬지   그런데 왜 여자들이 모여서 수다 떨 때는 말이 끊이지 않을까요?

참고문헌 意識のなかの時間: Ernst Poeppel(著), 田山忠行・尾形敬次(訳), 岩波書店, 1995

**인터로그**

# 시간탐험대의 도전

**구몬**  우리가 시간의 함정에 갇혀 있는 것은 에셔(Maurits Cornelis Escher, 1898~1972)●의 착시 그림 같은 세계에 있다는 뜻인가요?

**유카와**  고르곤졸라 박사가 에셔의 그림 〈올라가기와 내려가기(Ascending and Descending)〉 같은 세계를 만들어냈다는 말이군.

**구몬**  그렇다니까요. 그 그림에서 사람들은 건물 옥상의 계단을 계속 올라가지만 결국은 제자리로 오게 되지요. 공간적으로 갇힌 상태인 셈이죠. 그것과 마찬가지로 우리는 시간에 갇힌 겁니다.

**유카와**  구몬이 한 말도 일리는 있지만 사실 우리는 시간적으로도 공간적으로도 갇힌 것이라네.

**구몬**  왜 그렇지요?

**유카와**  시간이 어느 정도 흐르면 우리는 어디에 있더라도 리셋되어 맨 처음의 위치로 되돌아가게 되지. 이미 여러 번 이곳에서 밖으로 나갔지만 결국은 다시 여기로 되돌아오지 않았나. 하지만 모든 현상이 완전히 똑같이 반복되는 것은 아니야. 그 증거로 아까 레제가 컴퓨터에 기록한 내용은 시간이 리셋되어도 그대로 남아 있었지. 물론 완전히 리셋되면 우리의 의식뿐만 아니라 컴퓨터의 기록이나 손으로 쓴 메모도 리셋되기 때문에 우리가 시간의 함정에 갇혀 있다는 사실조차 모르게 되지. 그래서 고르곤졸라 박사는 일부러 단서를 조금 남겨두어 우리가 함정에서 빠져나갈 구멍을 만들어둔 게 아닐까? 그렇게 하지 않으면 아예 우리를 괴롭힐 수조차 없게 되니까 말이야.

● 에셔 네덜란드의 판화가

**레제**   (유카와 박사의 말씀을 컴퓨터에 기록하다 뒤를 돌아보며) 그렇다면 그 구멍을 잘만 이용하면 이 함정에서 빠져나갈 수 있다는 말씀인가요?

**유카와**   그렇지. 만약 시간이 양자의 속성을 가졌다면 반드시 불확정성원리가 작용하게 되고 그렇게 되면 시간의 리셋이 불완전할 수 있지. 이 함정에서 빠져나가려면 아마도 그 원리를 이용하는 방법밖에 없을 듯하군.

유카와 박사는 칠판에 기묘한 그림을 그렸다.

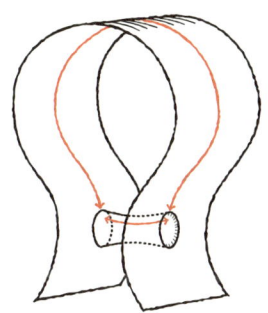

**주몬지**   그게 뭐죠?

**유카와**   웜홀이야. 킵 손(Kip Thorne)의 타임머신이지. 작은 웜홀은 시공간의 흔들림을 말하는데 시공간의 불확정성과 매우 밀접한 관계가 있지. 그것을 확대하면 시간을 거슬러 오르는 타임머신을 만들 수 있지.

이때 갑자기 허공에서 희미한 방울 소리가 들렸다. 소리가 점점 커지더니 아무것도 없는 허공에서 갈색 물체가 튀어 나왔다.

"모두 엎드려!"

구몬이 소리치며 바닥에 엎드렸다. 다른 대원들은 모두 구몬을 바라보고 있고 주몬지는 에르빈을 안고 구몬 곁에 가서 말했다.

"이런 겁쟁이. 에르빈이잖아."
"아, 에르빈. 그런데 도대체 어디에서 튀어나온 거야? 아무것도 없는 곳에서 갑자기 갈색 도깨비가 나오기에 적의 공격인가 했지."
"지금 구몬이 한 말이 정답일지 모르지."

유카와 박사의 눈이 반짝거렸다.

"에르빈과 컴퓨터는 통과할 수 있어도 사람은 통과하지 못하는 크기의 구멍이 이 시공간 어딘가에 존재하는 게 아닐까? 컴퓨터 내부의 기록이 리셋되지 못하는 이유도 그 구멍을 통해 빠져나갔기 때문일거야."

유카와 박사의 이 철학적인 논리가 도움이 될지는 아직 모르지만 에르빈 덕에 드디어 시간탐험대의 탈출 가능성이 보이기 시작했다. 그렇다면 지금부터 할 논쟁은 더욱 물리학적인 범위에서 이루어져야 할 것이다.
지금부터는 우주와 물리 세계 속 시간의 실체를 밝혀보기로 하자.

# 제3장

# 시간의 물리학

시간에 관한 사변적 분석을 마치고 지금부터는 우주를 흐르는 물리학적 시간을 탐구해보자.

# 3-1 뉴턴의 절대시간과 신의 존재

근대 물리학을 확립한 아이작 뉴턴은 심리적 시간이나 시계로 측정하는 시간보다 더 근원적이며 이상적인 시간이 존재한다고 생각했다.
'절대시간'이라 불리는 이 시간은 신의 존재를 전제로 하여 생겨났다.

### 뉴턴의 물리학

뉴턴은 지구상에 있는 물체의 운동과 우주를 구성하는 물체의 운동이 동일한 원리에 의해 일어난다는 사실을 인류 역사에서 맨 처음으로 알아낸 사람이 바로 뉴턴이다. 천체의 운동을 정확하게 기술하는 데 성공한 요하네스 케플러는 지구나 화성 같은 행성이 태양 주위를 원이 아닌 타원궤도를 따라 움직인다는 사실을 밝혀냈다. 그리고 행성은 태양 주위를 같은 속도로 움직이는 것이 아니라 태양에 가까우면 속도가 빨라지고, 태양에서 멀어지면 속도가 느려진다고 설명했다. 그러나 케플러의 법칙은 지구상에 있는 모든 물체의 운동에까지 확장해 적용할 수는 없는 한계가 있었다.

이런 사실을 통해 뉴턴은 케플러의 법칙보다 더욱 기초적이고 보편적인 법칙이 존재해야 한다는 것을 깨달았다. 뉴턴의 이론 체계는 지금에도 결코 시대에 뒤떨어진 유물이 아니다. 오늘날에도 로켓이나 우주탐사선을 발사할 때 **뉴턴역학**이 유용하게 쓰인다. 정확도면에서는 뉴턴 이후에 등장한 아인슈타인의 이론이 월등하지만 그만큼 복잡한 계산 과정을 필요로 한다. 이런 이유로 뉴턴의 이론만으로 충분한 정확도를 얻을 수 있는 경우에는 지금도 뉴턴역학을 이용해 계산을 하고 있다.

▬ 그림 3-1 | 뉴턴(Isaac Newton, 1642~1727)의 초상

영국의 물리학자이자 천문학자이며 수학자로 근대이론과학의 선구자이다. 수학에서는 미적분법을 창시하고, 물리학에서는 뉴턴역학의 체계를 확립했다. 저서로는 「광학」, 「자연철학의 수학적 원리(프린키피아)」 등이 있다.

▬ 그림 3-2 | 뉴턴역학

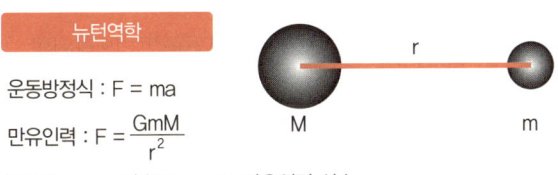

뉴턴역학

운동방정식 : $F = ma$

만유인력 : $F = \dfrac{GmM}{r^2}$

F : 힘  a : 가속도  G : 만유인력 상수

## 뉴턴의 절대시간

현대인의 시간과 공간에 관한 기본 개념은 사실 뉴턴에 의해 확립된 것이다. 우리는 보통 우주에는 객관적인 시간이 흐르고 객관적인 공간이 존재하는 것으

로 생각한다. 물론 여기서 문제 삼는 것은 물리적인 시간이다. 뉴턴은 저서 『프린키피아(Principia)』에서 시간에 대해 다음과 같이 서술했다.

"절대적이고 참되며 수학적인 시간은 그 어떤 외적 힘과 상관없이 그 본질에 따라 균일하게 흐른다. 이를 다른 말로 '지속'이라고 한다. 상대적이고 일상적인 겉보기 시간은(정밀하건 그렇지 않건 간에) 지속적인 운동에 의해 측정된 감각적이고 외적인 척도로서 우리가 참된 시간 대신 사용하고 있는 것이다. 한 시간, 하루, 한 달, 일 년 같은 것이 이에 해당한다."

우리는 앞에서 이미 시간의 길이를 재는 구체적인 방법을 여럿 살펴보았다. 뉴턴은 그런 '측정되는 시간'은 주기적인 순환 또는 반복운동을 기준으로 적당히 정한 것이며 그것과는 다른 '절대시간'이 있다고 주장했다. 이를테면 이상화된 시간 개념이다.

그림 3-3 | 절대시간의 이미지

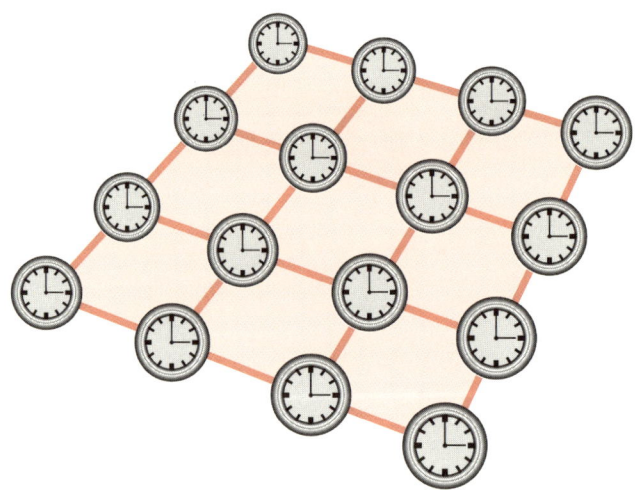

『프린키피아』에는 "시간을 정확하게 측정할 수 있는 기준이 되는 균등한 운동이란 존재하지 않을 것이다"라고까지 기술되어 있다. 우주에는 절대적으로 참인 단 하나의 시간만 존재한다. 이것이 뉴턴이 말한 **절대시간**의 개념이다.

### 자연철학자 뉴턴

뉴턴은 왜 이런 시간관을 갖게 되었을까? 『프린키피아』 제2판 이후에 추가된 권말의 주석을 읽어보면 그 이유를 짐작할 수 있다. 먼저 뉴턴은 태양계 운동의 규칙성에 대해 다음과 같이 기술하고 있다.

> "태양과 행성, 혜성으로 이루어진 웅장하고 아름답기 그지없는 태양계는 다름 아니라 전지전능한 존재의 심려와 보살핌에 의해 생겨난 것이다."

이어서 천체의 운행을 가능케 한 신에 대해 웅변적으로 표현하고 있다.

> "신은 영원하고 전지전능하다. 신은 영겁에 영겁을 더해 지속하고 무한보다 더 무한한 곳까지 어디에도 존재한다."

지금 우리가 아는 뉴턴은 현대 교과서에 실린 '발췌'된 뉴턴의 이미지일 뿐이다. 17세기의 뉴턴은 기독교도였고 연금술에도 몰두했으며 애당초 물리학자조차 아니었다. 뉴턴이 살던 시대에는 '물리학자'란 단어조차 없었다. 뉴턴 역시 자신을 '자연철학자'로 생각하고 있었다. 『프린키피아』에서 뉴턴은 신과 인간에 대해 다음과 같이 말하고 있다.

> "신은 시간 그 자체도, 공간 그 자체도 아니다. 하지만 지속하고 편재한다. 영겁으로 지속하고 모든 곳에 존재한다. 신은 언제 어디에나 존재함으로써 시간과 공간을 구성한다."

**뉴턴이 내세운 절대시간과 절대공간이라는 개념**은 이처럼 전지전능하고 언제 어디에나 있는 신의 존재를 바탕으로 한다.

시간
탐험대

### 뉴턴이 물리학자가 아니었다고요?

구몬　　뉴턴이 물리학자가 아니었다니, 무슨 말씀이죠?

유카와　패러데이나 맥스웰이 활동하던 19세기 이전에는 물리학자라는 개념 자체가 있지 않았어. 뉴턴의 『프린키피아』는 '원리'라는 뜻이야. 원 제목은 『자연철학의 수학적 원리(*Philosophiae Naturalis Principia Mathematica*)』이지.

구몬　　자연철학이라고요?

유카와　서구에서는 이 세계에 대해 사유하는 것을 곧 철학으로 간주했지. 이런 점에서 뉴턴은 철학자였어. 다만 철학의 사상을 전개하는 데 수학을 이용했을 뿐이지. 뉴턴은 캠브리지 대학의 루카스 석좌교수●가 됐는데 당시에는 물리학과가 없었기 때문에 수학 교수였지.

구몬　　뉴턴 같은 분이 연금술에 몰두했다니 믿기지 않는데요.

유카와　당시는 과학이니 비과학이니 하는 오늘날과 같은 개념이 없던 시대야. 따라서 다양한 물질로 금을 만들려고 했던 것이 결코 쓸데없거나 실현할 수 없는 시도는 아니었지.

구몬　　연금술이 현대 화학의 전신이란 말인가요?

유카와　그런 셈이지. 뉴턴은 무척 다재다능했다고 하지. 조폐국의 감독관을 지내기도 했는데 위폐범을 잡는 일에 관여한 적도 있지.

구몬　　그랬군요. 처음 듣는 말인데요.

●**루카스 석좌교수** 헨리 루카스(Henry Lucas)가 1963년에 영국 케임브리지 대학에 설립한 교수직. 현재는 스티븐 호킹이 이 자리에 있다.

참고문헌　ニュートン - 世界の名著 31: Isaac Newton(著), 河辺六男(訳), 中央公論新社, 1979

# 3-2 아인슈타인의 상대시간

아인슈타인은 뉴턴과 달리 시계로 측정하는 시간만이 진정한 시간이며, 이런 시간은 '많이' 존재한다고 주장했다.

### '상대시간'이란 무엇일까?

물리학적 시간은 심리학적 시간과 다르다. 비슷한 속성도 있지만 완전히 다른 것도 있다. 한 가지 분명한 것은 아인슈타인 이후 시간의 역할은 혁명적이라 할 만큼 큰 변화를 겪었다는 점이다. 아인슈타인 이전의 시간은 눈에 보이지 않고 일정한 속도로 흐르며 공간 속에서 일어나는 '반복 운동'(시계추, 천체 운동, 수정의 진동 등)을 통해서만 측정 가능한 기묘한 존재였다.

한편, 사람들은 우주에 공간과 다른 종류의 차원이 있는 것으로 믿었다. '차원'이란 '확장'을 뜻한다. 공간은 세 방향으로 확장되므로 3차원 구조를 이룬다. 시간은 눈에 보이지 않기 때문에 실제 몇 개의 방향으로 확장되는지는 명확하지 않지만 우선은 1차원으로 생각한다.

아인슈타인 이전의 시간은 우주에 단 하나만 있으며 누구에게나 다 똑같은 시간이었다. 신이 만든 이 시간을 뉴턴은 '절대시간'이라고 불렀다. 아인슈타인 이후 우주에는 관측자(관측 장치)마다 제각기 다른 여러 가지 시간이 존재하게 되었다. 우리는 이것을 '상대시간'이라고 부른다.

관측자마다 시간이 다른 점은 심리학적 시간과 비슷하다. 같은 영화를 보더라도 그것을 재미있게 느끼느냐, 지루하게 느끼느냐에 따라 관객마다 체험하는 시간, 즉 마음속으로 느끼는 심리학적 시간은 다르다. 사람마다 시간을 다르게 느낀다는 점에서 심리학적 시간은 '상대적'이다. 이와 마찬가지로 아인슈타인 이후에는 물리학적 시간도 상대적인 것으로 밝혀졌다.

▶ 그림 3-4 | 공간과 시간

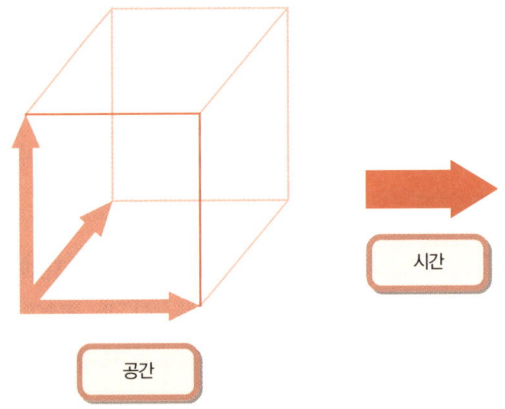

▶ 그림 3-5 | 상대시간의 이미지

## '네 번째 공간'인 시간

아인슈타인 이후 시간은 관측자에 따라 다를 뿐만 아니라 빨라지기도 하고 느려지기도 한다. 또한 공간과도 매우 밀접하게 연관되어 '네 번째 공간'으로 불러도 될 정도다. 그렇다고 시간이 완전히 '공간'의 속성을 가지고 있다는 의미는 아니다. SF영화에 자주 나오는 '4차원'이란 말은 공간에 한없이 가까운 존재가 된 시간을 네 번째 차원으로 간주하여 생겨난 것이다.

공간 3차원 + 시간 1차원 = 시공간 4차원

'4차원'이란 말에는 그때까지 별개로 생각했던 시간을 공간과 같은 종류로 취급하려는 뜻이 담겨 있다.

## 시공간도를 통해서 본 시간과 공간의 관계

그림으로 표현하기 쉽게 우선 공간 1차원과 시간 1차원만을 생각해보자. 그림 3-6을 보자.

▬▬ 그림 3-6 | 시공간도 1

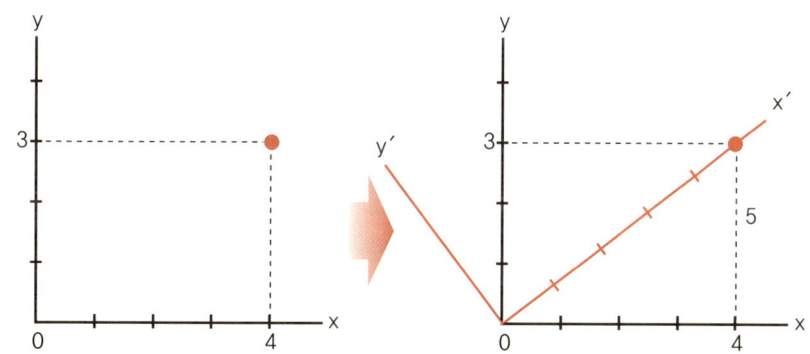

예를 들어 '2시 40분에 대전에서 우리나라 최초의 화성 탐사선이 발사됐다'거나 '9시 40분에 부산역을 출발한 KTX가 12시 19분에 서울역에 도착했다'와 같이 시간과 공간 속에서 일어나는 현상을 그림으로 표현한 것을 '**시공간도(時空間圖)**'라고 한다. 시공간도는 마치 바쁜 사람들의 스케줄 표와 비슷하다. 언제 어디에 있을지에 대한 정보가 들어 있기 때문이다.

한때 일본에서는 도쿄와 요코하마 사이의 급행 전철을 운행하면서 지진 같은 사고로 열차의 운행 시간이 어긋날 때 곧바로 운행 시간을 다시 짜서 열차의 시간표를 복구하는 일을 하는 사람이 있었다고 한다. 물리학적으로 표현하면 일종의 시공간도를 그리는 사람인 셈이다.

시공간도를 좀 더 이해하기 쉽도록 일반적인 지도를 예로 들어 설명하겠다. 지도의 동서와 남북 방향을 시공간도에서는 각각 x축과 y축이라 부르자. 이때 어떤 고정된 위치는 다음과 같이 나타낼 수 있다.

$$(x, y) = (4, 3)$$

또 위 그림과 같이 좌표축을 회전해서 얻은 새로운 좌표계를 기준으로 다음과 같이 나타낼 수도 있다.

$$(x´, y´) = (5, 0)$$

좌표축을 회전시켜 어떤 위치를 다르게 표현하더라도 그 위치가 가진 본질은 변하지 않는다. 달라진 것은 관측 방법이나 관측자의 '시점'일 뿐이다.

만약 시간을 공간과 완전히 동등하게 취급할 수 있다면 위와 같이 공간에 적용했던 좌표축의 회전을 시간에도 똑같이 적용할 수 있다. x축과 y축 그리고 x´축과 y´축은 단순한 정의에 지나지 않으므로 시간을 나타내는 t축이나 그것을 회전시킨 t´축을 기준으로 하여 시공간에서 일어나는 사건을 기술해도 사건의 본질에는 변함이 없다는 뜻이다. 다시 말해, 어떤 사건이 일어난 시각과 장소는 원래의 좌표계를 사용해서 다음과 같이 나타낼 수 있다.

$$(t, x) = (4, 3)$$

또 좌표축을 회전시킨 새로운 좌표계를 사용해서 다음과 같이 나타내도 전혀 문제될 것이 없다.

$$(t´, x´) = (5, 0)$$

아인슈타인의 상대성이론에서 주로 다루는 문제들도 이와 비슷하다. 수학적 관점에서 보면 상대성이론에서 말하는 '상대성'이란 여러 방향으로 회전시킨 좌표계로 원래의 사건을 기술하는 것에 지나지 않는다. 시공간에서 서로 다른 시점을 가진 관측자들(관측 장치)이 동일한 사건을 기록하는 것일 뿐이다.

## 시간은 '허수'로 측정된다

관측자에 따른 시점의 변환을 '**로렌츠 변환(Lorentz transformation)**'이라고 한다. 아인슈타인의 『자전 노트』에 기술된 내용을 인용하면 다음과 같다.

> "그는 로렌츠 변환이 (시간의 특수한 성질로 말미암아 생기는 서로 다른 대수적 부호를 차치하면) 다름 아닌 4차원 공간에서 일어난 좌표계의 회전이라는 것을 제시했다."

여기서 '그'는 아인슈타인에게 수학을 가르쳤던 헤르만 민코프스키(Hermann Minkowski, 1864~1909)●이다. 아인슈타인도 인정했지만 시간이 공간과 완전히 같은 것은 아니다. 따라서 시공간도에서 일어나는 t축과 x축의 '회전'도 일반적

● **헤르만 민코프스키** 독일에서 활동한 러시아 출신의 수학자

인 회전과는 다르다.

일반적인 회전에서는 좌표축의 회전 각도가 30도나 15도 같은 실수이지만 상대성이론의 시공간도에서 좌표축의 **회전 각도는 30$i$도나 15$i$도 같은 '허수 각도'이다.** 허수란 제곱하여 음수가 되는 수이다. 기호 $i$는 '허수 단위'라고 하며 제곱하면 −1이 된다($i^2 = -1$).

시간이 공간과 완전히 같을 수 없는 이유가 바로 이 **허수** 때문이다. 관점을 달리하면 '공간은 실수로 측정되고, 시간은 허수로 측정된다'고 표현할 수도 있다. 수학 시간에 배웠던 **피타고라스 정리**에서는 빗변의 길이가 s일 때 다음과 같은 공식이 성립한다.

$$s^2 = x^2 + y^2$$

그런데 여기에 시간을 도입하면 다음과 같은 공식이 성립한다.

$$s^2 = x^2 + (it)^2 = x^2 - t^2$$

즉 공간을 기준으로 삼으면 공간은 실수로 측정되고 시간은 허수로 측정되는 셈이다. 또는 공간은 실수이고 시간은 허수라고 말할 수도 있다. 이 절의 마지막에 아인슈타인이 자신의 논문 「운동하는 물체의 전기 역학」에서 설명한 시간의 개념(동시의 개념)을 소개한다.

"동시라는 개념에 **절대적인** 의미를 부여하면 안 된다는 사실을 알 수 있다. 즉 어떤 좌표계를 기준으로 두 가지 사건이 동시에 일어났다고 해도 이 좌표계에 대해 움직이고 있는 다른 좌표계를 기준으로 하면 그 사건은 동시에 일어난 것이 아닐 수도 있기 때문이다."

■ 그림 3-7 | 시간은 상대적이다

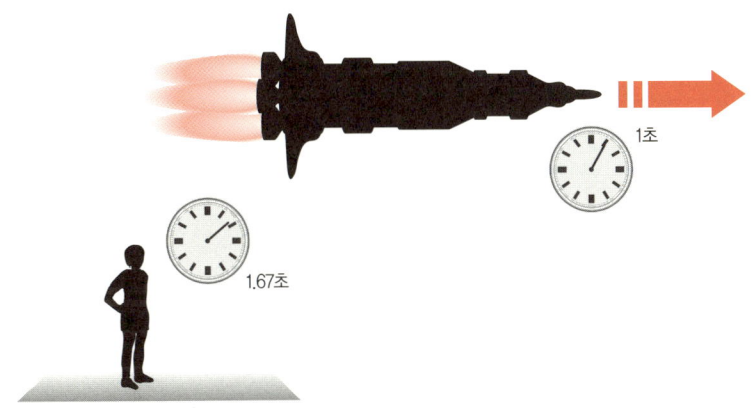

**보충** 뒤에 나오는 스티븐 호킹의 시간론 부분에서 '허수 시간'이라는 개념이 등장한다. 위 내용에 나온 허수의 개념과 혼동되지 않도록 미리 용어를 정리해두고자 한다. 피타고라스 정리에 음수가 들어간 것이나 회전 각도가 허수인 것을 보면 마치 시간 자체가 허수의 성질을 갖고 있는 것으로 생각할 수 있지만 사실은 그렇지 않다. 지금 우리가 체험하는 시간 t를 '실수 시간'이라고 할 때 이 실수 시간 t를 계산에 사용하면 시공간의 피타고라스 정리는 형태가 바뀌고, 시공간의 회전 각도는 허수가 된다. 나중에 호킹은 이 실수 시간 t에 다시 허수를 곱한 $it$를 '허수 시간'이라고 불렀다.

**참고문헌** 相對性理論: Albert Einstein(著), 内山龍雄(訳), 岩波書店, 1988
自伝ノート: Albert Einstein(著), 中村誠太郎(訳), 東京図書, 1978

 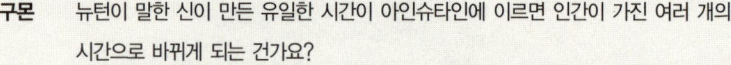

## 주관적이면서도 객관적인 시간

**구몬** 뉴턴이 말한 신이 만든 유일한 시간이 아인슈타인에 이르면 인간이 가진 여러 개의 시간으로 바뀌게 되는 건가요?

**유카와** 제각기 일정 속도로 움직이고 있는 사람(또는 관측 장치)은 서로 다른 시간을 체험하고 있지. 그런 뜻에서 시간이 여러 개라고 표현한 것일세.

**구몬** 그건 마음으로 느끼는 심리학적 시간 아닌가요?

**유카와** 아닐세. 물리학적 시간이지. 지루하면 느리게 가고 재미있으면 빨리 가는 심리학적 시간의 특성이 물리학적 시간에도 적용된다는 것이 밝혀졌기 때문이지.

**주몬지** 심리학적 시간은 주관적이고 물리학적 시간은 객관적이라고만 생각했는데…….

**유카와** 아인슈타인 이후에 나온 여러 개의 시간은 주관과 객관의 중간적인 존재가 되었지. 그것을 상호주관성(相互主觀性)이라고 부르지.

**주몬지** 어려운 말인데요.

**유카와** 주관적인 시간은 여러 개가 있지만 물리학 공식을 이용해서 서로 다른 시간이 어떻게 경과하는지 계산할 수 있지. 많다고 꼭 혼란스러운 것은 아니야. 국가와 국가 사이의 관계를 '인터내셔널(international)'이라고 하는 것처럼 주관과 주관 사이의 관계는 '인터서브제크티비티(Intersubjectivity, 상호주관성)'라고 하지.

**구몬** 실수 시간과 허수 시간이 섞여 있어서 잘 모르겠어요.

**유카와** 실수 시간은 뜻 그대로보다 실제로 우리가 체험하는 시간이라고 생각하는 편이 이해하기 쉬울 듯하군. 실수 시간으로는 4차원의 피타고라스 정리에서 시간의 기호 앞에 −(마이너스) 부호가 붙지만 허수 시간에서는 불필요한 마이너스 부호는 붙지 않게 되지.

**구몬** 지금 우주의 시간은 실수 시간으로 생각해도 된다는 뜻인가요?

**유카와** 그렇지.

## 3-3 운동량과 시간

운동량에는 '운동'이 포함되어 있으므로 시간과 관계가 깊을 것 같지만 실제로 시간은 운동량보다는 '에너지'와 더 밀접한 관계를 가지고 있다.

**에너지는 운동량의 시간 성분**

일반 물리학에서는 '운동량'과 '에너지'의 개념이 매우 중요한 역할을 한다. 질량이 m이고 속도가 v인 물체는 $1/2mv^2$이라는 운동에너지를 가지며, 이때 운동량은 mv이다. 즉 에너지와 운동량은 비슷해 보이지만 서로 다른 개념이다. 그러나 아인슈타인 이후 에너지와 운동량은 매우 밀접한 관계가 있는 것으로 밝혀졌다. 그 관계를 요약하면 다음과 같다.

### 에너지는 운동량의 시간 성분이다

물체가 3차원 공간을 이동할 때 그 속도는 세 개의 성분을 갖는다. x성분인 $v_x$, y성분인 $v_y$ 그리고 z 성분인 $v_z$이다. 물체가 직선운동을 할 때 그 직선의 방향을 x′축이라 하면 y′성분과 z′성분은 모두 0이 되므로 속도는 $v_{x'}$로 나타낼 수 있다. 따라서 운동량의 세 가지 성분은 다음과 같다.

$(mv_{x'}, 0, 0)$

위에서 물체의 운동 방향을 x´축이라고 한 것은 원래의 좌표축을 회전시킨 경우를 말한다. 구체적인 수치를 들어 살펴보자. 처음 좌표계에서는 다음과 같은 운동량을 갖고 있다고 하자.

(4, 3, 0)

이 좌표계에서 물체는 xy평면 위를 움직이고 있다. 여기서 좌표축을 회전시켜 물체의 운동 방향에 새로운 x축, 즉 x´축을 설정하면 운동량은 다음과 같다.

(5, 0, 0)

▬ 그림 3-8 | 시공간도 2

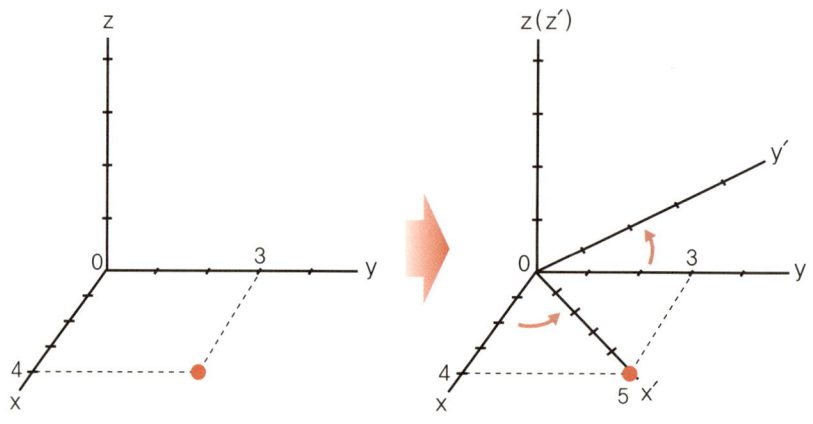

## 정지에너지의 추가

아인슈타인의 4차원 시공간 개념에서 에너지는 **운동량의 제4성분**이 된다. 그렇다면 운동량은 다음과 같이 표현할 수 있을 것 같다.

$$(\frac{1}{2}mv_{x'}^2, mv_{x'}, 0, 0)$$

그러나 실제로는 다음과 같다.

$$(mc^2 + \frac{1}{2}mv_{x'}^2, mv_{x'}, 0, 0)$$

결국 운동량 전체가 시간 방향, x방향, y방향, z방향이라는 네 개의 성분을 갖게 된다. 그리고 그 시간 성분에는 $mc^2$이라는 여분의 항이 더해진다. 이를 '**정지에너지**'라고 부른다. '물체가 정지하고 있을 때도 존재하는 에너지'라는 뜻이다. 실제로 $v_{x'} = 0$이 되어 물체가 완전히 정지하면 운동량은 다음과 같다.

$$(mc^2, 0, 0, 0)$$

일반적으로 이 정지에너지의 존재를 다음과 같이 쓴다.

$$E = mc^2$$

알다시피 이 공식은 '세계에서 가장 유명한 수식'이다.

### 네 번째의 운동량 성분 = 시간

정지에너지는 이해하기 쉬운 개념은 아니다. 그러나 시간과 공간이 서로 밀접하게 연관되어 있다는 관점에서 물체의 운동을 생각하면 물체가 공간적으로는 정지해 있더라도 '시간 속을 움직이고 있는 셈'이 된다. 따라서 운동량에 시간 성분이 있더라도 이치에 어긋나지 않는다. 오히려 없으면 곤란하다. 아인슈타인 이후 에너지란 제4의 운동량 성분, 즉 운동량의 시간 성분이라는 것이 밝혀졌다. 시간은 공간과 따로 떼어놓을 수 없는 존재가 된 것이다.

시간
탐험대

**에너지와 운동량은 같은 개념?**

구몬   시간 성분이란 시간의 방향을 말하는 것인가요?
유카와  그렇다네.
구몬   운동량이란 물체가 가진 힘 같은 것이지요?
유카와  그렇지. 아인슈타인 이전에는 물체가 가진 힘에 운동량과 에너지의 두 종류가 있었지. 그러나 아인슈타인 이후에는 그것들이 4차원 운동량의 각 성분이 되었지.
구몬   그런데 왜 학교에서는 에너지와 운동량을 서로 다른 개념으로 가르치죠?
유카와  고등학교 과정에서는 상대성이론의 개념을 자세히 다루지 않으니까 어쩔 수 없지.
구몬   초등학교 때 주사위의 전개도를 배운 적이 있는데, 전개도의 개념을 모르면 그것이 주사위의 6면이라는 것도 알 수가 없지요. 개념적으로 보면 그것과 비슷하지 않을까요?
유카와  그렇게도 볼 수 있지. 상대성이론을 모르면 에너지와 운동량이 4차원 운동량이라는 주사위의 한 측면이라는 점도 알 수 없겠지.
구몬   그건 그렇고 여기서 성분이란 무엇인가요?
유카와  성분은 시점을 바꾸면 다시 말해, 좌표축을 바꾸면 달라지지. 그런 점에서 본질적인 것은 아니지. 그런데 본질적인 것도 있어. 시점이 달라져도 변하지 않는 양, 즉 정지에너지가 바로 그거야.

## 3-4 가장 짧은 시간과 가장 긴 시간 (3)

앞에서는 인간이 느낄 수 있는 가장 긴 시간과 가장 짧은 시간에 대해 살펴봤다.
그와 다르게 물리학적으로 가장 짧은 궁극의 시간이 있다.
이를 '플랑크 시간'이라고 한다.

### 가장 작은 물질

물질을 가열하거나 충돌시켜 계속 작게 나누면 분자나 원자에 이르고 마지막에는 그보다 더 작은 '**소립자**'로까지 분해될 수 있다. 소립자를 크게 나누면 두 종류가 있다.

1. 물질의 근원 = 전자, 중성미자(뉴트리노), 쿼크 등
2. 힘의 근원 = 광자, 위크보손● 등

가장 작은 물질의 발견과 더불어 우주에 존재하는 가장 거대한 물질의 구조도 밝혀졌다. 헤아릴 수 없을 정도의 수많은 은하로 이루어진 '대규모 구조'가 바로 그것이다.

물질을 담는 그릇 역할을 하는 시간과 공간에도 최소 단위나 최대 구조가 있을까? 공간에는 '**플랑크 길이**'라고 불리는 최소의 길이가 있다.

● **위크보손** weak boson, 소립자 사이의 약한 상호작용을 매개하는 중간자

0.000···0001m($10^{-35}$), 즉 소수점 아래 서른다섯(35) 번째 자리에 1이 오는 엄청나게 작은 길이이다. 박테리아는 소수점 아래 다섯(5) 번째 자리에 1이 오고, 나노미터는 아홉(9) 번째 자리에 1이 오며 원자 중에서 가장 작은 수소 원자는 열(10) 번째 자리에 1이 오는 정도의 크기이다.

이와 반대로 공간 최대의 크기는 바로 우주의 크기이다. 100···000($10^{26}$)m이므로 1m에 10을 스물여섯(26) 번이나 곱한 크기이다. 이런 식으로 크기를 표현하자면 1m에 10을 일곱(7) 번 곱한 크기가 지구, 열세(13) 번 곱한 크기가 태양계, 스물한(21) 번 곱한 크기가 은하이다.

## 플랑크 시간의 길이

공간과 마찬가지로 시간에도 '**플랑크 시간**'이라는 최소 단위가 있다. 0.000···0001초($10^{-43}$초), 즉 소수점 아래 마흔세(43) 번째 자리에 1이 오는 엄청나게 짧은 시간이다.

우리가 생각할 수 있는 가장 긴 시간은 결국 물리학적 관점에서 우주가 앞으로 얼마나 오랫동안 존재할 수 있느냐는 문제인 셈이다. 결론부터 말하자면 우주의 존속 시간은 지금으로서는 확실히 알 수 없다.

**그림 3-9 | 플랑크 시간**

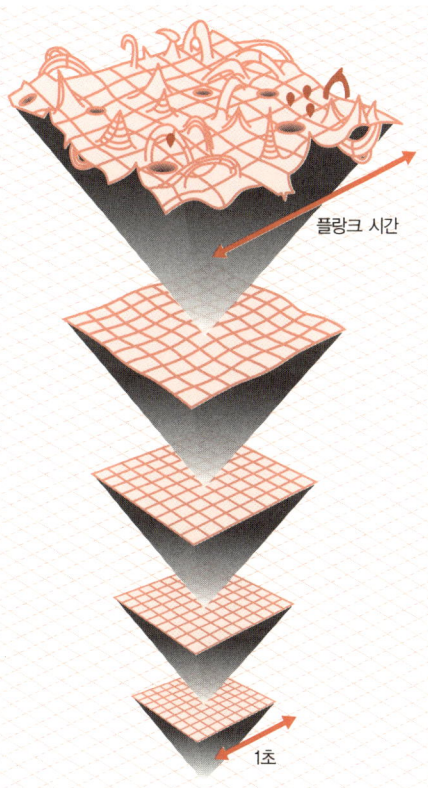

시공간을 점점 확대해가면 마지막에는 성긴 눈금 같은 것이 나타난다. 플랑크 길이와 플랑크 시간의 수준에서 시공간은 이와 같이 거품이 일고 있다.

플랑크 시간

1초

# 3-5 광자의 시간

현대물리학에서는 빛이 주인공의 역할을 하는 경우가 많다.
또 어쩌면 모든 물질이 실제로는 광속으로 움직이고 있는지도 모른다.
지금부터는 '빛'의 입장에서 시간을 생각해보기로 하자.

### 움직이는 물체는 줄어든다

상대성이론에 따르면 우리 자신에 대해서 움직이는 물체는 진행 방향으로 줄어들고 그 물체의 시간은 천천히 흐른다. 광속을 c, 물체의 속도를 v라고 하면 물체의 길이는 다음의 비율로 줄어든다.

$$\sqrt{1-\frac{v^2}{c^2}}$$

마찬가지로 그 물체의 시간은 다음의 비율로 느려진다.

$$\frac{1}{\sqrt{1-\frac{v^2}{c^2}}}$$

요컨대 물체의 움직임이 슬로 모션이 되는 것이다. 물체의 속도는 떨어지지 않고 v로 운동하지만 물체 고유의 움직임이 느려진다는 뜻이다. 그 물체가 시계라면 느리게 갈 것이다. 시계추라면 천천히 흔들리고 수정이라면 서서히 진동할 것이다.

여기서 만약 속도 v가 광속 c가 되면 어떻게 될까? 물체의 길이는 0이 되고 시계는 한없이 느려진다. 즉 물체는 납작해지고 시계는 멈춘다. 이런 현상은 실제로 물체가 줄어들거나 시계가 멈추는 것이 아니라 공간이 줄어들기 때문에 시간이 느려지는 것으로 생각할 수 있다.

지금 우리 앞에서 어떤 물체가 속도 v로 움직이고 있다고 하자. 시점을 바꾸면 우리가 물체에 대해 반대 방향으로 속도 v로 움직이고 있다고 할 수 있다. 어느 쪽이 움직이고 있는가 하는 문제는 상대적이기 때문이다. 이는 곧 우리가 속도 v로 움직이면 주위의 공간은 진행 방향으로 줄어들고 주위의 시간은 느려지게 되는 것을 뜻한다.

## 광속으로 움직이면 주위는 납작해져 보인다

내가 빛과 한 몸이 되었다고 가정하자. 나는 항상 광속으로 움직이기 때문에 내 주위의 공간은 진행 방향으로 '납작'해져 보일 것이다. 또 내 주위의 시간은 '정지'되어 있을 것이다. 다시 말해 광속으로 움직이고 있는 나에게 내 주위의 공간과 시간은 모두 소멸되어 버린 셈이다.

만약 물질의 본성이 '광속'에 있다고 하면 공간과 시간은 그 존재의 의미를 잃어버린다. 주위의 공간이 납작해지고 주위의 시간이 멈춘 세계가 어떤 것인지 우리는 상상할 수가 없다. 인간은 원래 공간과 시간이라는 개념틀로 세계를 파악하도록 되어 있기 때문이다. 인간의 뇌가 세계를 파악하는 데 단서가 되는 공간과 시간이 없으면 인간이 세계를 이해하는 것은 곤란하다. (물론 이런 상황에서도 철학자와 물리학자들은 풍부한 상상력을 발휘할 테지만.)

여기서 서술한 것은 상대성이론에 대한 순수한 해석이므로 그다지 까다롭거나 복잡하지는 않다. 빛에 대해 주위 공간이 진행 방향으로 납작해진다는 것도 빛에 횡파만 존재한다는 사실을 알면 이해할 수 있다. 지진이나 파도에는 진행 방향의 진동이 존재한다. 용수철의 진동과 비슷하며 밀도파라고 한다. 파동이 3차원일 때 파의 진행 방향을 z축으로 하면 진행 방향과 직각을 이루는 두 개의 방향, 즉

x축과 y축 방향의 파동도 존재하게 된다. 따라서 지진이나 파도에는 세 방향의 편파가 있다.

이와 다르게 빛에는 진행 방향으로의 편파가 없다. 카메라나 렌즈에 관해 잘 아는 사람에게는 상식이겠지만 빛에는 진행 방향과 직각인 방향으로 두 개의 편광 상태만 있다. 수면이나 도로면의 반사를 차단하는 편광 선글라스는 이 중 하나의 편광을 제거하는 기능을 한다.

그런데 왜 빛에는 진행 방향의 성분이 없을까? 그것은 빛이 광속으로 움직이고 있기 때문에 주위의 공간이 진행 방향으로 납작해져 있기 때문이다. 즉, 빛은 광속으로 이동하므로 진행 방향으로는 진동할 수가 없다.

빛에 있어서 주위 공간은 진행 방향으로 납작해져 소멸하고 주위 시간은 무한히 느려진다. 우리가 광속으로 움직인다면 결국은 시간이 멈춘 영원 속을 사라진 공간과 함께 살아가야 한다. 생각만 해도 오싹하다.

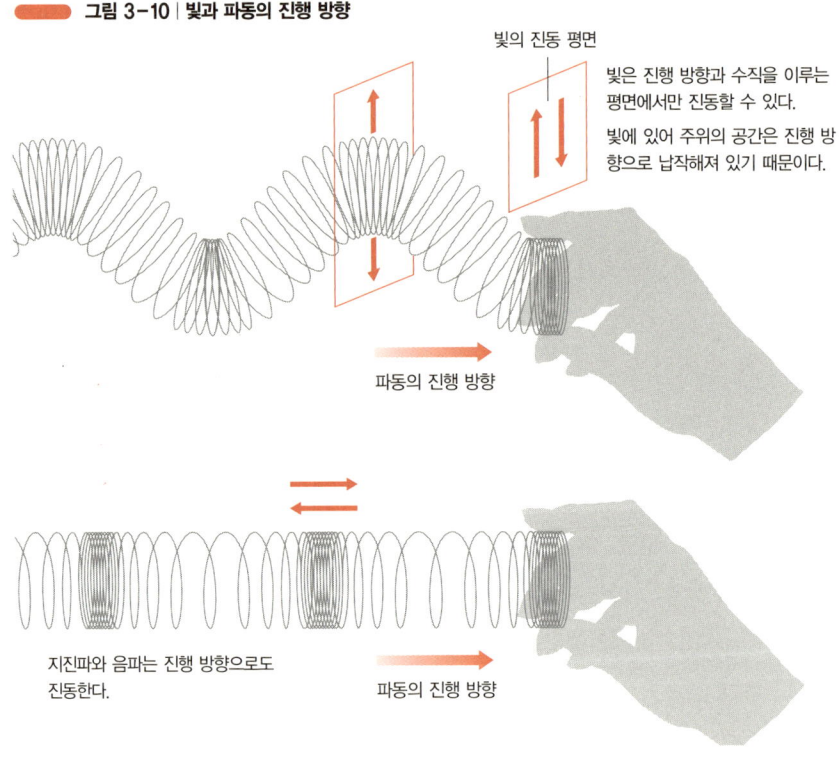

그림 3-10 | 빛과 파동의 진행 방향

빛의 진동 평면

빛은 진행 방향과 수직을 이루는 평면에서만 진동할 수 있다.
빛에 있어 주위의 공간은 진행 방향으로 납작해져 있기 때문이다.

파동의 진행 방향

지진파와 음파는 진행 방향으로도 진동한다.

파동의 진행 방향

 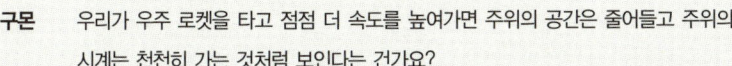

## 우주를 광속으로 난다면?

**구몬**  우리가 우주 로켓을 타고 점점 더 속도를 높여가면 주위의 공간은 줄어들고 주위의 시계는 천천히 가는 것처럼 보인다는 건가요?

**유카와**  그렇다네.

**구몬**  만약 로켓이 광속으로 움직이면 진행 방향의 공간은 사라지고 주위는 시간이 멈춘다는 뜻인가요?

**유카와**  기본적으로는 그렇지. 우주 로켓을 타고 계속 속도를 높여가면 그 밖에도 여러 가지 신기한 광경이 나타나게 돼.

**구몬**  예를 들면 어떤 것인가요?

**유카와**  주위의 별들이 차츰 로켓 앞으로 모여들게 되지. 비 오는 날에 자전거를 타고 빨리 달리면 비가 앞에서 쏟아지는 것처럼 보이는 것과 마찬가지로 로켓의 속도가 광속에 가까우면 별에서 나오는 빛의 비가 앞쪽에서 내리게 되지.

**구몬**  아인슈타인 이론에는 상식으로는 이해할 수 없는 여러 가지 현상이 등장하는군요.

# 3-6 물질이 느끼는 시간 (지그재그 운동의 괴이함)

우리 몸은 이미 물질로 이루어져 있지만,
여기서는 좀 더 의식적으로 '물질'의 입장이 되어 시간을 고찰하기로 한다.
구체적으로는 물질의 근본인 소립자(양자) 수준에서 시간을 고찰해보는 것이다.

### 상대성이론의 관점에서 보는 소립자의 시간

소립자가 느끼는 시간을 추론하려면 적어도 두 가지 관점이 필요하다. 하나는 상대성이론이고 다른 하나는 양자론이다. 여기서는 먼저 상대성이론의 관점을 취하기로 한다(양자론의 관점은 128쪽을 참조). 여기서는 소립자의 대표로 '전자'를 예로 들어보자. 전자에게 시간이란 어떤 것일까? 일반적으로 전자는 움직일 수도 있고 멈출 수도 있는 것으로 알려져 있다. 하지만 현대물리학의 개념으로는 그렇지 않다. 전자는 항상 광속으로 움직이기 때문에 멈출 수가 없는데, 이 움직임을 '**지그재그 운동**'이라고 한다. 마치 수면 위의 꽃가루가 불규칙하게 **브라운 운동**을 하듯 전자는 공간이라는 이름의 수면 위에서 미세한 간격으로 흔들리고 있다.

전자 외에 광자(빛을 양자로 보았을 때의 명칭)도 광속운동을 한다. 그런데 전자는 광자와는 달리 광속으로 얼마 움직이지도 못하고 경로를 꺾어서 방향을 바꾼다. 직선운동에서도 마찬가지로 갑자기 방향을 바꾸는 경우가 잦다. 전자는 광속으로 움직이지만 불규칙한 지그재그 궤적을 그리기 때문에 멀리서 보면 아광속(亞光速, 광속에 가까운 속도)으로 운동하는 것처럼 보인다. 특히 지그재그 운동으로 움직이면서 어느 한 지점의 주변에 모일 경우에는 멀리서 보면 마치 정지하고 있는 것 같다.

▬ 그림 3-11 | 브라운 운동

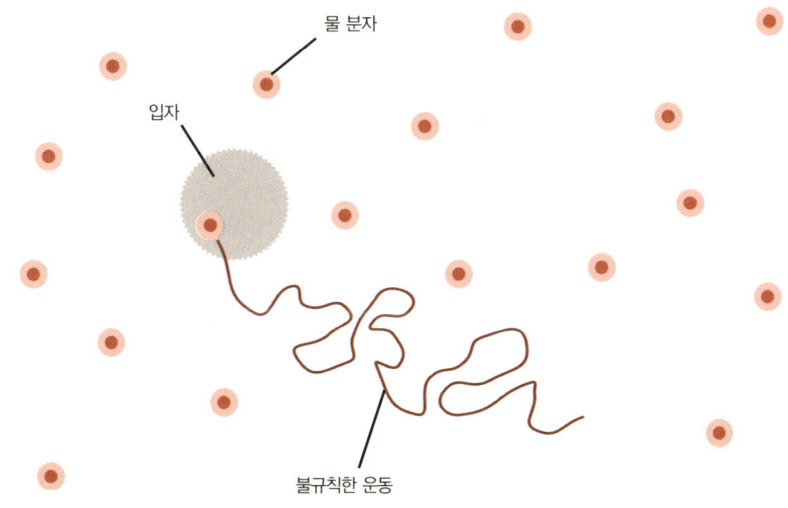

▬ 그림 3-12 | 전자의 지그재그 운동

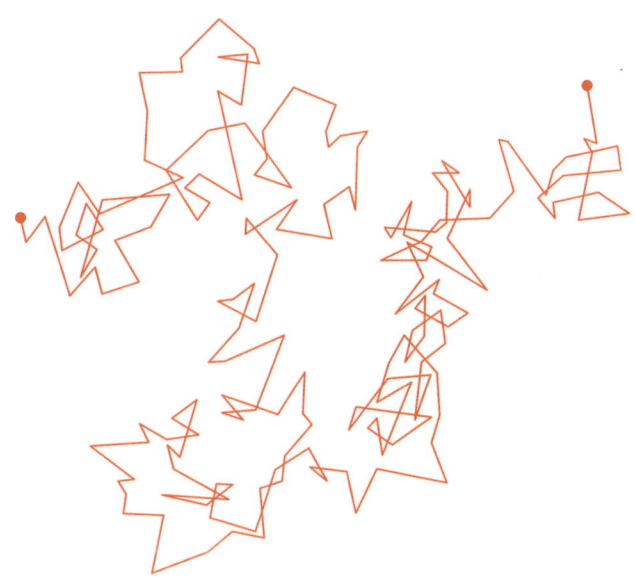

## 소립자의 지그재그 운동

이미 제논의 패러독스 부분에서 '광속'에 대해 언급했지만 모든 물질의 근원에는 '광속'이 존재하는 듯하다. 물질의 기본인 소립자가 항시 광속으로 운동하고 있는 것도 사실로 보인다.

그렇다면 전자나 다른 소립자도 광자처럼 광속으로 똑바로 진행하면 될 듯싶지만 그렇지가 않다. 마치 여기저기서 장애물에 부딪혀 진로를 바꾸는 것처럼 지그재그 운동을 반복한다. 진로 변경이 빈번하면 멀리가기가 어렵다. 즉 속도가 느려지는 셈이 된다. 다시 말해 '무거워지는 것'이다. 반대로 진로 변경의 빈도가 낮으면 속도가 빨라지고 '가벼워지는 셈'이 된다. 결국 지그재그 운동이 줄어들어 0이 되면 순행 속도가 '광속'이 되고 무게는 '0'이 된다. 즉 소립자의 미시적인 지그재그 운동은 '질량' 그 자체로 해석할 수 있다.

그런데 중요한 것은 전자와 같은 소립자도 광자와 마찬가지로 순간적으로는 항시 광속으로 운동한다는 점이다. 전자에게 주위의 공간은 진행 방향으로 납작하고 주위 시간도 멈춰 보일 것이다. 광자와 마찬가지로 전자가 보는 세계에서도 공간과 시간의 개념은 무의미하다.

질량과 속도에 따라 빈도는 다르지만 전자는 계속 진행 방향을 바꾸고 있다. 진로를 바꾸는 순간의 세계란 공간이 납작해지는 방향만 바뀔 뿐 시간은 멈춘 채 그대로이다. 어쨌든 광자와 마찬가지로 소립자 수준에서는 주위의 공간과 시간의 개념은 거의 의미가 없다.

어쩌면 시간과 공간은 칸트가 말한 것처럼 우주의 실상이 아니라 인간의 뇌가 편리를 위해 만들어낸 개념틀에 지나지 않을지도 모른다. 그러나 물리학에서 시간과 공간이 부차적 역할을 하는 데 지나지 않는다는 것이 과연 가능한 일일까? 그렇다면 진짜 주역은 무엇이고 그 주역으로부터 어떻게 시간과 공간이라는 개념이 도출될 수 있을까?

## 전자가 지그재그로 운동하는 까닭

**구몬**  전자는 왜 지그재그 운동을 하죠? 빛처럼 똑바로 진행하면 좋을 텐데…

**유카와**  아직 원인은 모르지만 추측할 수는 있지. 초미시(超微視) 수준에서 공간은 양자적 불확정성 때문에 거품이 일고 있을 가능성이 높지.

**구몬**  거품이라고요?

**유카와**  그렇다네. 공간은 편평하지 않고 공간 자체가 생성과 소멸을 반복하고 있지.

**구몬**  도대체 무슨 말씀인지 영 알 수가 없군요.

**유카와**  불확정성이란 있는지 없는지 또는 어느 정도 있는지 알 수 없다는 뜻이지. 공간이 얼마나 있는지 모르겠다는 뜻이야. 즉 공간 자체가 흔들리고 있다는 말이지.

**구몬**  알았다! 그 요동 때문에 전자가 여기저기로 움직이게 된다는 말이군요.

**유카와**  그럴 가능성도 있다는 말이지.

# 3-7 시간과 엔트로피

갈수록 시간의 실재성은 희미해지고 마치 가상현실 같은 양상이 나타나고 있다. 여기서 일단 시선을 돌려 예전부터 시간과의 관련성이 논의되어왔던 '엔트로피'라는 물리량의 개념에 대해 생각해보자.

### 엔트로피란 무엇인가?

엔트로피란 '무질서한 정도'이다. 방 안이 정돈되어 있으면 물체 배치의 엔트로피는 낮고, 방 안이 흐트러져 있으면 물체 배치의 엔트로피는 높다. 인간의 노화도 인체를 구성하는 물질의 배치와 기능이 본연의 상태에서 벗어나 무질서해지는 것이라는 점에서 엔트로피가 증가하는 과정으로 볼 수 있다. 얼음이 녹아 물이 되고 또 수증기가 되는 과정 역시 물 분자의 배치와 속도가 산만해지고 불규칙해지는 것이므로 엔트로피가 증가하는 예가 된다.

엔트로피는 '정보량'의 반대 개념이기도 하다. 정보량이 풍부하여 각각의 분자와 물체가 어디에 있고 어느 방향으로 움직이는지를 아는 것은 곧 '무질서하지 않다'는 뜻이므로 엔트로피가 낮다. 반대로 정보량이 없어 분자나 물체의 위치와 움직임을 파악하지 못하면 질서가 없어지므로 엔트로피가 높다.

엔트로피에 음(-, negative)의 부호를 붙인 것을 네겐트로피(negentropy)라고 한다. 그렇다면 네겐트로피는 다름 아닌 정보량이다. 따라서 네겐트로피는 컴퓨터에서 사용되는 정보량 단위인 '비트'로 측정할 수 있다. 이 점은 엔트로피도 마찬가지다.

엔트로피는 또한 열역학의 개념이며 열량()을 온도로 나눈 양으로 나타낼 수 있다. 컴퓨터의 정보량과 칼로리가 무슨 관계가 있을까 의아스러울 것이다. 그러나 컴퓨터의 중앙처리장치(CPU)가 정보처리를 위해 열을 내서 칼로리를 소비하는 점에서도 정보와 열은 밀접한 관련이 있다. 물론 이런 점을 염두에 두고 컴퓨터를 사용하는 사람은 거의 없을 것이다. 그도 그럴 것이 분자의 엔트로피, 어지러운 방 안의 거시적인 물체의 엔트로피, 컴퓨터 CPU의 엔트로피에는 매우 큰 차이가 있기 때문이다.

## 엔트로피 증가의 법칙

물리학에는 '**엔트로피 증가의 법칙**'이라는 매우 중요한 법칙이 있다. 다르게는 '**열역학 제2법칙**'이라고 한다.

**엔트로피 증가의 법칙 : 고립계의 엔트로피는 그대로 두면 증가한다**

정확히 말하면 엔트로피는 증가하거나 일정하게 유지되지만 결코 감소하지 않는다. 고립계란 주위와 물질이나 에너지를 주고받지 않는 물리적 계(system)라는 뜻이다. 간단한 예로 닫힌 용기를 절연재로 감싼 것은 고립계로 볼 수 있다.

정보량은 갈수록 줄어들고 그저 없어질 뿐 저절로 늘어나지는 않는다. 영어 단어도 그냥 기억되는 법은 없다. 열심히 외웠던 단어라도 다시 떠올리거나 사용하지 않는 한 시간이 지나면 저절로 잊혀진다.

고립계가 아니라면 국소적으로 엔트로피를 감소시킬 수는 있다. 인간은 노화라는 이름의 엔트로피 증가를 막기 위해 엔트로피가 낮은 상태의 음식물을 섭취한다. 제대로 된 모양을 갖춘 식품, 즉 엔트로피가 낮은 것을 먹으면 그것이 몸속에서 소화되어 몸 밖으로 나온다. 이때 나오는 배설물은 모양이 흐트러지고 뒤죽박죽되어 있다. 즉 엔트로피가 높다.

이처럼 인체는 엔트로피가 낮은 것을 흡수해 높은 것을 배출하기 때문에 그 차

> 그림 3-13 | 엔트로피가 낮은 상태(왼쪽)와 엔트로피가 높은 상태(오른쪽)

이를 따지면 인체의 엔트로피는 줄어들게 된다. 물론 엔트로피를 계속 감소시킬 수 있다면 노화를 막을 수 있겠지만 이런 시도에 성공한 사람은 아무도 없다. 알다시피 진시황도 실패했다. 우주의 엔트로피도 증가한다. 우주 전체는 고립계로 볼 수 있기 때문이다.

### 시간의 화살과 엔트로피

엔트로피는 시간과 비슷한 점이 많다. 시간도 과거에서 미래로 일방적으로 '증가'할 뿐 결코 감소하는 일은 없다. 양자 수준에서는 시간이 감소할 수 있지만 이 역시 엔트로피가 국소적으로는 감소될 수 있는 점과 비슷하다. 이런 점에서 다음과 같은 발상도 결코 이상하지 않다.

'시간은 원래 엔트로피가 아닐까?'

1977년에 노벨 화학상을 수상한 일리야 프리고진(Ilya Prigogine, 1917~2003)이 바로 그런 주장을 했다. 일본의 와타나베 사토시(渡辺慧)라는 물리학자 역시 '시간 = 엔트로피' 설을 추구하고 있다.

만약 이 주장이 옳다면 엔트로피가 '정보량의 결여'라는 점에서 시간의 흐름은 결국 정보를 잃어버리는 과정이 된다. 발상은 매우 독특하지만 현시점에서 시간과 엔트로피를 동일시하는 가설은 폭넓게 수용되지 못하고 있다.

그래도 역시 '시간은 왜 엔트로피가 증가하는 방향으로 흐르는 것일까?, 그 반대는 될 수 없을까?'라는 의문은 여전히 풀리지 않고 있다. 이에 대해 리처드 파인만(Richard Phillips Feynman, 1918~1988), 로저 펜로즈(Roger Penrose, 1931~), 스티븐 호킹(Stephen William Hawking, 1942~) 같은 물리학자들은 '우주의 초기 조건'이 우연히도 '엔트로피가 낮은 상태'였기 때문에 그 이후로는 엔트로피가 증가할 수밖에 없다고 설명한다. 파인만은 다음과 같이 물었다.

"도대체 이 불가역성은 무엇에서 비롯된 것일까? 이것은 뉴턴의 법칙에서 유래한 것이 아니다. 우리는 모든 물체의 운동이 궁극적으로 물리학의 법칙을 이용하여 이해될 수 있다고 주장하고, $t \to -t$로 했을 때에 모든 방정식이 또 다른 답을 얻

**그림 3-14 | 시간의 화살과 엔트로피**

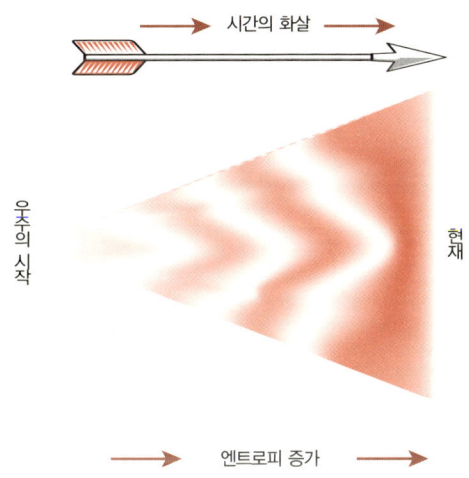

을 수 있는 기묘한 성질이 있는 것을 알고 있다면, 모든 현상은 가역이 된다는 뜻이다. 왜 거시적인 관점에서 보면 자연계에 가역적이 아닌 현상이 나타나는 것일까?"

– 『파인만의 물리학 강의』에서

뉴턴의 법칙뿐만 아니라 물리학의 기초 방정식에서도 시간이 거꾸로 흐르는 것은 아무 문제가 없다. 그러나 '거시적'으로 보면 즉 다수의 입자를 한꺼번에 관찰할 경우에 시간은 과거에서 미래를 향해 일정한 방향으로 흐른다. 이것은 단순한 우연일까? 파인만은 이 문제에 대해 다음과 같은 명쾌한 답을 제시했다.

"어떤 이유로, 우주는 어떤 시간에, 그 에너지의 용량에 비교하면, 극도로 작은 엔트로피로 출발해서, 그 이후 엔트로피는 증가하고 있다. 그리고 그것이 미래로 향하고 있는 현재의 상태이다. 그것이 모든 불가역성의 원인이며, 생장과 쇠퇴의 과정을 만드는 것이다. 또 미래가 아니고 과거를 생각해내게 하는 것이고, 우주의 역사에 있어서 현재보다도 훨씬 높은 질서가 있었던 순간에 가까운 세상을 생각해내게 하는 것이다. 또 그것이 우리가 미래라고 칭하는 현재보다도 한층 더 무질서도가 높은 세상을 생각해내는 것이 불가능한 이유도 된다."

– 『파인만의 물리학 강의』에서

만약 이 생각이 옳다면 '시간의 화살'은 우주의 초기 상태와 관계가 있다. 아인슈타인, 펜로즈, 호킹 등의 주장이 옳다면 시간과 엔트로피의 불가사의한 관계는 '우주는 왜 엔트로피가 낮은 상태에서 시작된 걸까?'라는 의문에 물리학이 답을 제시할 수 있을 때까지는 알 수가 없다. 과연 그 답은 우주의 기원에서 찾아야 하는 것일까?

 ## 엔트로피가 증가하는 원리란?

주몬지    엔트로피가 증가하는 원리를 도통 모르겠어요.

유카와    단열재로 둘러싸인 방이 있다고 가정해보게. 이 방이 둘로 나뉘어 있는데 방 1은 400캘빈이고 방 2는 300캘빈이야.

구몬    캘빈이라니요. 캘빈이 뭐지요?

유카와    캘빈이란 절대온도의 단위를 말해. 섭씨온도는 1기압에서 물의 어는점을 0℃로, 끓는점을 100℃로 하여 그 사이를 100등분한 온도지. 절대온도는 모든 물질의 움직임이 정지하는 온도를 0도로 하지. −273.15℃가 절대온도로 0캘빈이므로 이를 이용해 섭씨온도를 절대온도로 환산할 수 있지.

구몬    그렇다면 400캘빈은 400−273.15=126.85℃가 되는군요. 같은 방법으로 300캘빈을 섭씨온도로 환산하면 26.85℃가 되니까 실온에 가깝네요.

유카와    그렇지. 방 1과 방 2를 가르는 벽은 단열재가 아니기 때문에 열을 전달할 수 있어. 열은 에너지의 한 형태이므로 J(줄)이라는 단위로 나타낼 수 있지. 예를 들어 방 1에서 방 2로 이동한 열량이 1200J이라고 가정해보세. 엔트로피의 정의(열량÷온도)에 따르면 방1에서는 엔트로피가 1200÷400=3만 감소한 것이 되지.

구몬    엔트로피란 온도당 에너지(열량)이군요. 그런데 왜 방 1의 엔트로피가 감소하나요?

유카와    열이 밖으로 나가기 때문이지. 반대로 방 2에는 열이 들어오기 때문에 1200÷300=4만큼 엔트로피가 증가하지. 그렇다면 단열재로 둘러싸인 방 1과 방 2 전체의 엔트로피는 어떻게 될까?

구몬    −3에 4를 더하면 1. 열이 이동했기 때문에 전체 엔트로피는 1만큼 증가하는 것이지요.

유카와    그렇지. 열은 온도가 높은 쪽에서 낮은 쪽으로 흐르지. 그렇게 자연적인 방향으로 이동하는 에너지를 열이라고 하지. 단열재로 둘러싸인 방 전체로 보면 엔트로피가 증가한 것과 마찬가지로 우주에도 자연적으로 열이 흐르기만 해도 엔트로피는 증가하게 되지.

구몬    예를 들어 설명해주시니까 쉽게 이해할 수 있네요. 그런데 만약 두 방의 온도가 같아지면 엔트로피는 어떻게 될까요?

유카와    엔트로피는 더 이상 증가하지 않아. 우주에서도 그런 평형 상태를 생각할 수 있지. 그런 상태를 '열적 죽음(heat death)'이라고 하지.

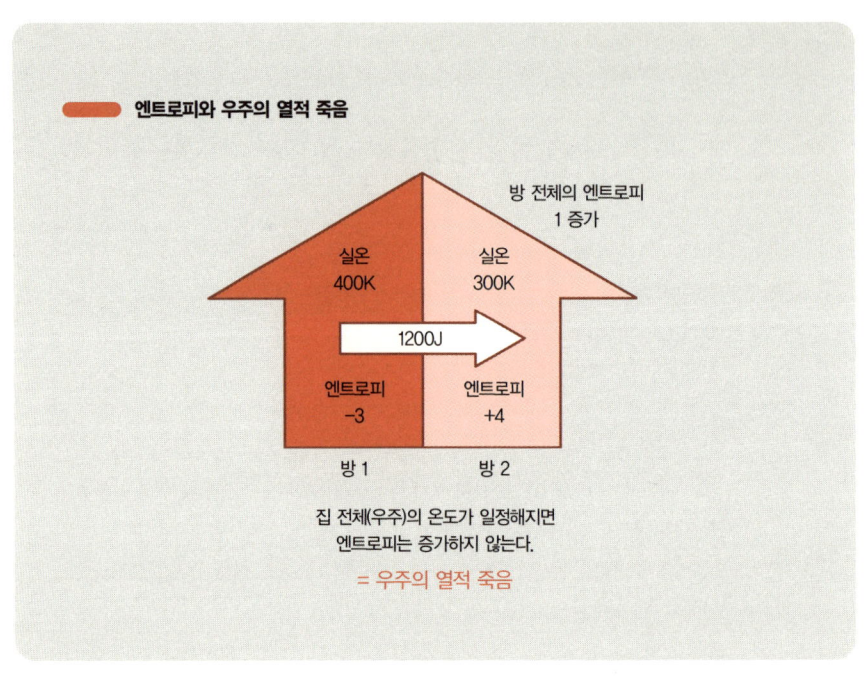

**엔트로피와 우주의 열적 죽음**

방 전체의 엔트로피 1 증가

실온 400K / 실온 300K

1200J

엔트로피 −3 / 엔트로피 +4

방 1 / 방 2

집 전체(우주)의 온도가 일정해지면 엔트로피는 증가하지 않는다.

= 우주의 열적 죽음

참고문헌 存在から發展へ – 物理科學における時と多樣性: Ilya Prigogine(著), 小出昭一郎・安孫子誠也(譯), みすず書房, 1984
時: 渡辺 慧(著), 河出書房新社, 1989
ファインマン物理學 II: Richard P. Feynman・Robert B. Leighton・Matthew Sands(著), 富山小太郎(譯), 岩波書店, 1986

## 3-8 맥스웰의 악마는 시계를 거꾸로 돌린다?

엔트로피의 개념은 생각만큼 이해하기가 쉽지 않을 것이다. 그래서 여기서는 전자기학을 완성으로 이끈 영국의 물리학자 맥스웰의 사고실험을 통해 엔트로피의 개념을 좀 더 깊게 분석하고자 한다.

### 에너지와 엔트로피의 차이

우리에게 친숙한 '에너지'와 비교하면 '엔트로피'의 개념은 난해한 편이다. 에너지는 운동에너지나 열에너지, 위치(중력)에너지, 화학에너지, 전기에너지 등 다른 형태의 에너지로 자유롭게 바뀔 수 있다. 하지만 에너지의 총량은 항상 일정하게 유지된다. 다시 말해 에너지는 보존된다.

그러나 물체 A에서 물체 B로 열이 이동하면 엔트로피는 반드시 증가한다. 즉 엔트로피는 보존되지 않는다. 이런 이유 때문에 에너지와 똑같은 개념으로 엔트로피를 이해하려고 하면 오히려 오해만 생긴다. 예를 들어 공기 분자로 가득 찬 상자를 어떤 방향으로 던진다고 하자. 이때 상자 전체는 운동에너지를 갖는다. 여기서 운동에너지란 상자 속의 모든 분자들이 일제히 한 방향으로 움직였을 경우의 에너지다.

한편 상자 속에서는 공기 분자들이 제멋대로 여러 방향으로 움직이고 있다. 분자 수준에서 모든 분자들이 서로 다른 속도와 방향으로 불규칙하게 운동하고 있을 때의 에너지를 열에너지라고 부른다. 따라서 미묘한 차이를 무시한다면 열에너지라고 해도 분자 하나에 대해서는 운동에너지와 다를 바가 없다.

## 더 이상 나뉘지 않는 분자

앞서 예로 들었던 상자를 두 부분으로 나누어보자. 가운데에는 공기 분자가 통과할 수 있는 벽이 있다. 이 벽을 중심으로 왼쪽에는 따뜻한 공기가 들어 있고 오른쪽에는 차가운 공기가 들어 있다. 따뜻하다는 것은 열에너지가 크다는 뜻으로 이때 모든 공기 분자들은 평균적으로 빠르게 움직인다. 반대로 차다는 것은 모든 공기 분자들이 느리게 움직인다는 뜻이다.

이때 상자의 가운데 벽을 없애면 따뜻한 공기와 차가운 공기가 서서히 섞인다. 따뜻한 공기 분자와 차가운 공기 분자는 여전히 존재하지만 평균적으로 보면 상자 속의 온도는 그 중간에 이른다.

빠르게 움직이는 공기 분자와 느리게 움직이는 공기 분자는 일단 한 번 섞이고 나면 다시 원래 상태로 분리되지 않는다. 분리될 가능성이 전혀 없는 것은 아니지만 분자의 수가 많은 경우에는 우주 나이 정도의 시간이 흐른다고 해도 분리되지 않을 것이다.

▬ 그림 3-15 | 가운데 벽을 없애기 전후의 엔트로피

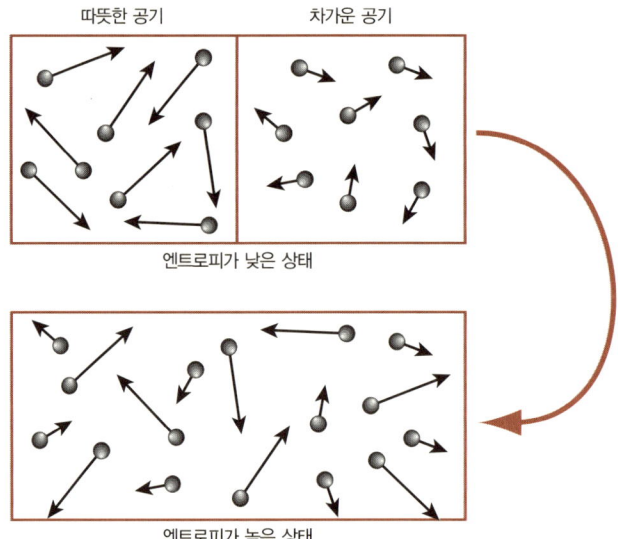

여기서 상자의 가운데 벽을 없애기 전과 후의 전체 엔트로피를 생각해보자. 가운데 벽이 있을 때는 좌우의 공기 분자가 명확히 분리돼 있기 때문에 무질서의 정도가 낮다. 다시 말해 엔트로피가 낮다. 그러나 가운데 벽을 없애면 좌우의 공기 분자가 섞이게 되므로 무질서해진다. 즉 엔트로피가 높다. 이미지로 표현하자면 두 종류 공기 분자의 대비가 뚜렷할 때는 엔트로피가 낮고 그 대비가 없어졌을 때는 엔트로피가 높다.

## 시간을 거꾸로 흐르게 하는 맥스웰의 악마

엔트로피는 증가할 뿐 저절로 감소하지 않으므로 상자를 그대로 두더라도 다시 고온과 저온으로 온도차가 생기는 일은 없다. 그러나 영국의 물리학자 **맥스웰**(James Clerk Maxwell, 1831~1879)은 기묘한 생물을 이용해 다음과 같은 사고실험을 했다.

"감각이 매우 예민해서 어떤 분자의 궤적도 따라갈 수 있는 작은 악마가 있다고 하자. 이 녀석은 본질적으로는 인간과 똑같이 유한한 능력밖에 없지만 현재로는 인간에게 불가능한 일도 해낼 수 있다. (중략) 상자 가운데에 벽을 두어 A와 B라는 두 개의 공간으로 나눈다. 벽에는 매우 작은 구멍이 하나 있다. 악마는 분자 하나

▶ **그림 3-16 | 맥스웰의 악마**

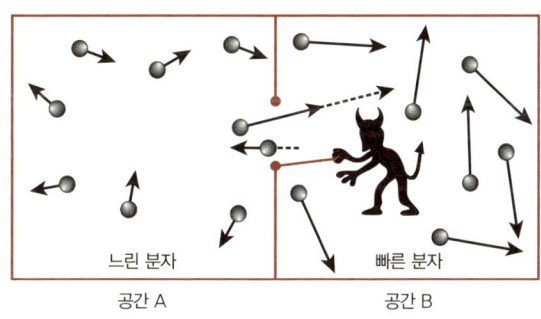

느린 분자   빠른 분자
공간 A    공간 B

하나의 움직임을 관찰하면서, 빠르게 움직이는 분자는 벽의 구멍을 통해 공간 A에서 공간 B로만 보내고, 느리게 움직이는 분자는 공간 B에서 공간 A로만 보낸다. 이를 반복하면 공간 B의 온도는 높아지고 공간 A의 온도는 낮아진다. 이런 현상은 열역학 제2법칙에 위배된다."

– 『열 이론』 중에서

이 구절은 알기 쉽도록 저자가 의역한 것이다. '작은 악마'도 맥스웰이 직접 한 말은 아니다.

**맥스웰의 악마**가 우주 어딘가에 존재한다면 그 녀석은 대비가 약한 상태를 다시 강하게 만들었기 때문에 엔트로피를 줄인 셈이 된다. 이런 현상이 실제로 발생한다면 엔트로피 증가의 법칙(열역학 제2법칙)은 성립하지 않는다. 이를 시간의 흐름에 적용한다면 악마는 상자의 시간을 거꾸로 가게 한 셈이 된다.

맥스웰의 악마가 정말 존재한다면 그 주위의 시간은 역행할 수 있다. 예를 들어 나이 든 사람의 세포에 맥스웰의 악마가 들어가면 세포 수준에서 젊음을 되찾게 될 것이다. 그러나 시간이 거꾸로 가서 몸 세포가 젊어졌다고 해도 그 사람의 뇌가 그것을 현재가 아닌 과거로 기억한다면 과연 그것을 시간의 역행으로 볼 수 있는지는 의문이다.

과연 맥스웰의 악마는 존재할까? 1871년에 제기된 이 문제는 1982년에 이르러 의외의 분야에서 최종적인 결론에 도달하게 되었다. 양자정보과학의 세계적 석학인 찰스 베넷(Charles Bennett, 1943~)은 컴퓨터의 메모리와 열에 관한 연구를 통해 '맥스웰의 악마는 존재하지 않는다'는 것을 증명했다. 그 내용은 여기서 자세히 다루지 않겠지만 실제로 시간이 역행하는지의 문제는 그대로 두더라도, 아무튼 맥스웰의 악마가 이 세상에 없다는 것은 분명해졌다.

## 3-9 우주 시간

아인슈타인은 우주에 여러 종류의 시간이 있다고 했다.
우주론에 등장하는 시간은 그중에서 도대체 어떤 것일까?

### 지구 시간과 우주 시간

우주에 관한 책에 자주 나오는 것이 '우주 시간'이다. 우주의 나이가 137억 살이라는 주장도 있고 중력이나 가속도가 걸리면 시간이 느리게 간다는 아인슈타인의 중력 이론도 있다. 우주는 가속 팽창하고 있다는데 그렇다면 가속도 때문에 시간이 천천히 흐르게 될까? 우주 시간은 정말 지구 시간과 다른 것일까? 여전히 의문은 남겠지만 우주 시간은 다음과 같이 정의할 수 있다.

'주위의 우주가 균일하게 팽창하는 것을 보고 있는 관측자의 시계'

그렇다면 반대로 '우주 시간이 아닌 시간'이란 주위의 우주가 균일하게 팽창하지 않을 때의 관측자의 시계라고 할 수 있다.

## 팽창하는 우주의 시간

우주는 모든 방향을 향해 같은 비율로 팽창한다. 따라서 관측자가 로켓을 타고 가속중이거나 블랙홀 옆에서 강한 중력을 느끼는 경우가 아니라면 좌우나 상하 어느 쪽을 보더라도 우주는 모든 방향으로 균일하게 불어나는 것으로 보인다. 요컨대 가속운동이나 중력장의 영향을 받지 않는다면 일반적인 시계로 측정한 시간을 우주 시간으로 보아도 된다.

▶ 그림 3-17 | 팽창하는 우주의 이미지

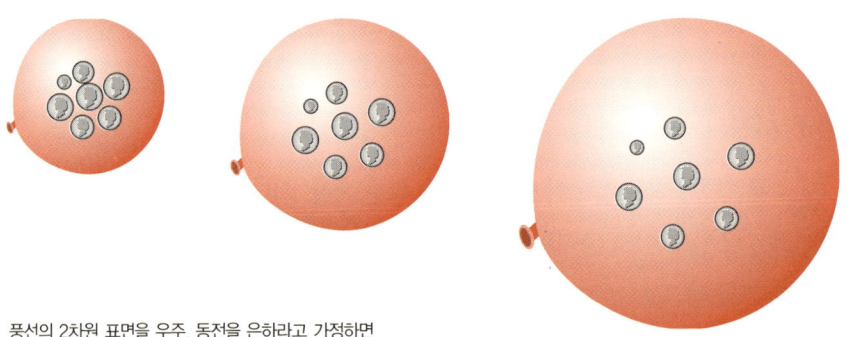

풍선의 2차원 표면을 우주, 동전을 은하라고 가정하면
어느 동전에서 보더라도 주위가 멀어져 가고 있는 것처럼 보인다.
이때 어느 동전이 한가운데 있는지를 따지는 것은 특별한 의미가 없다.

## 우주 시간이란?

**구몬**  우주선을 타고 있을 때의 시간이 곧 우주 시간이 아닐까요?

**유카와**  가속중이라면 그렇지 않지만 순행 속도에 이르러 가속도가 0이 되면 그렇다고 할 수 있지.

**구몬**  일정한 속도로 계속 날고 있는 상태여야 된다는 말씀인가요?

**유카와**  그렇지. 원래 우주 시간이라는 개념은 우주의 등방성과 균질성에 바탕을 두고 있지. 거시적으로는 우주에 특별한 장소도 없고 특별한 방향도 없다고 가정하는 것이지.

**구몬**  그런 가정이 있었군요.

**유카와**  물론 천체 관측 결과와도 일치하지만 그렇게 가정하면 수식도 간단해지지.

**구몬**  그렇군요.

**유카와**  우주가 균질하고 등방적으로 팽창하기 때문에 사람들에게 우주는 어느 방향으로도 같은 비율로 불어나는 것처럼 보이는 거지.

**구몬**  그거야 당연하겠군요.

**유카와**  그런데 관측자가 특정 방향으로 가속운동을 하게 되면 그 반대 방향으로 우주가 가속 팽창하는 것처럼 보이겠지?

**구몬**  실제로는 관측자 자신이 가속운동을 하는 것인데도 말이죠.

**유카와**  그렇지. 따라서 그런 상태의 관측자는 우주의 시간에 관해 말할 자격이 없는 셈이지.

**구몬**  요컨대 우주 속에서 가만히 우주를 관측하는 사람의 시계로 잰 시간이 바로 우주 시간이라는 뜻인가요?

**유카와**  그래, 그게 바로 우주 시간이지.

# 3-10 작은 타임머신의 존재 가능성

소립자 수준에서는 시간이 거꾸로 가는 것도 충분히 가능하다. 여기서는 '파인만 다이어그램(Feynman diagram)'을 통해 그것이 무엇을 의미하는지 알아보기로 한다.

### 파인만 다이어그램의 또 다른 해석

여기서는 양자 시간이라는 개념을 검토할 것이다. 양자 시간은 양자화된 시간이 아니라 일반적인 양자가 느낄 것으로 생각되는 시간이다. 우선 소립자론에서 자주 등장하는 그림을 보자.

▬▬ 그림 3-18 | 파인만 다이어그램 1

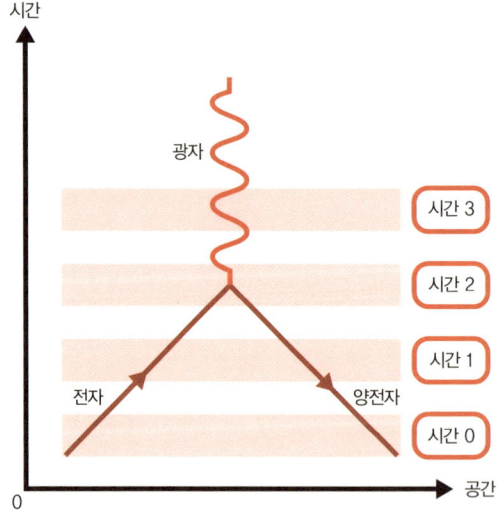

이 그림은 시공간도의 일종으로 '**파인만 다이어그램**'이라고 부른다. 세로축은 시간, 가로축은 공간을 나타내며 시공간에서 이루어지는 소립자의 상호작용을 그리고 있다. 화살표는 '전자'와 '양전자', 물결선은 '광자'를 나타낸다. 양전자는 (+)전하를 가진 입자로 반물질(反物質)의 하나이다. 파인만 다이어그램을 해석하면 다음과 같다.

'시간 0'인 부분에서 그림을 가로로 자르면 공간에는 점 모양의 전자와 양전자가 나타난다. 마찬가지로 '시간 1'에서도 그림을 가로로 자르면 이번에는 전자와 양전자 사이가 가까워진다. '시간 2'에서는 전자와 양전자가 부딪혀 소멸하고 광자로 바뀌며, '시간 3'에서는 공간에 광자만 존재한다. 이와 다른 해석도 있다.

**양전자는 시간을 역행하는 전자이다.**

이를 더 정확히 기술하면 다음과 같다.

**과거에서 미래로 진행하는, 양(+)에너지를 가진 양전자
= 미래에서 과거로 진행하는, 음(−)에너지를 가진 전자**

## 시간을 거슬러 오르는 작은 타임머신

사실 이 이론은 위와는 반대로 진전되었다. 전자의 양자적 방정식(디랙방정식)에서 음(−)에너지의 해가 나와 사람들이 곤혹스러워하자 파인만과 스튀켈베르크(Ernst Stueckelberg, 1905~1984)라는 두 물리학자는 그 기묘한 해를 "(전하가 반대인) 양전자가 양(+)에너지를 갖고 있는 것뿐이다"라고 제안했다. 이 난해한 해, 즉 시간을 역행하고 음(−)에너지를 가진 전자란 곧 시간을 순행하고 양(+)에너지를 가진 양전자라는 것이다.

파인만 다이어그램에서 양전자를 마치 시간을 거슬러 오르는 화살표로 표시한

것도 양전자를 '시간을 역행하는 전자'로 해석했기 때문이다.

수식이 없어 이해하기가 조금 어렵지만 요컨대 방정식에서는 전하 e와 에너지 E, 시간 t와 에너지 E가 곱의 형태로 나타난다. 여기서 전하 e를 전자가 가지는 음(−)전하라고 하면 에너지와 시간은 모두 음(−)이 되어야 하므로 이치에 맞지 않는다. 에너지와 시간이 모두 양(+)이 되려면 전하 e를 양(+)으로 하면 된다. 결국 시간을 순행하는 양전자는 시간을 역행하는 전자로 해석할 수 있다는 뜻이다.

그렇다면 파인만 다이어그램도 다르게 풀이할 수 있다. 즉 전자와 양전자가 충돌한 결과 소멸하여 광자가 된 것이 아니라 전자가 광자를 방출하고 자신은 과거로 되돌아간 것이다. 따라서 미시 세계에서는 시간의 역행이 가능하며 그 실체인 **작은 타임머신**도 존재할 수 있다. 여기서 다음과 같은 파인만 다이어그램도 한번 해석해보자. 이 그림은 아무것도 없는 곳에서 전자와 양전자가 생성되거나 전자와 양전자가 충돌해서 소멸하는 일이 많다고 해석할 수 있다.

▬ 그림 3-19 | 파인만 다이어그램 2

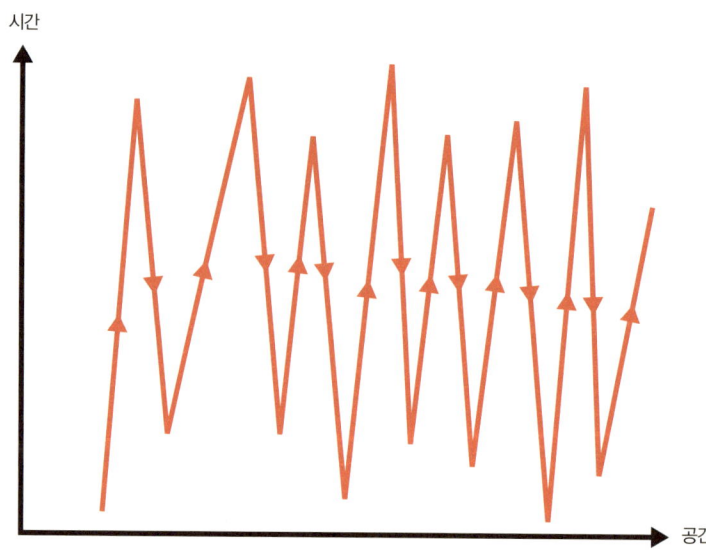

## 세계에는 오직 한 개의 전자밖에 존재하지 않는다는 설

그러나 다른 해석도 있다. 단 하나의 전자가 시간과 공간 속을 왔다 갔다 하고 있다는 해석이다. 만약 이것이 옳다면 우주에는 오직 하나의 전자만 존재하고 이것이 시간을 거꾸로 거슬러 오르면서 시공간 속을 움직이고 있는 것이 된다. 이 경우 파인만 다이어그램에서 임의의 시간을 기준으로 가로로 자르면 마치 수많은 전자와 양전자가 존재하는 것처럼 보인다.

'세계에 단 하나의 전자만 존재한다'는 가설은 파인만의 스승인 **존 휠러**(John Archibald Wheeler, 1911~2008)라는 물리학자가 제안한 것으로 매우 흥미로운 개념 체계를 가지고 있다. 만약 휠러의 가설이 옳다면 우주는 수많은 소립자로 이루어진 것이 아니라 오직 한 개의 소립자만 있는 것이다. 이것이 많게 보이는 것은 '우리가 어떤 특정한 시간에만 세계를 볼 수 있기 때문'일지도 모른다. 우주의 다양성은 우리가 항상 '순간'만 볼 수 있기 때문에 생긴 환영일 수도 있다. 인간과 동물, 은하와 우주가 모두 단 하나의 소립자로 되어 있다면 말이다.

시간에 대해 깊이 생각할수록 이 문제가 단순히 시간에만 머무르지 않고 공간과 소립자, 우주의 기본 속성까지 탐색해야 한다는 사실을 깨닫게 된다. 시간에 대해서 생각하는 것은, '존재 그 자체'의 근원을 생각하는 것이다.

#  불확정성원리와 시간

양자역학의 이론 체계에 따르면
우주는 '불확정성원리'의 지배를 받고 있다.
그 원리에 따르면 시간도 '흐릿해진다'.

### 불확정성원리

불확정성원리는 양자역학을 완성으로 이끈 베르너 하이젠베르크(Werner Heisenberg, 1901~1976)가 1972년에 구체화했다. 불확정성원리는 미시적인 물리 세계를 지배하는 법칙이지만 이것을 법칙이 아닌 원리라고 하는 데는 이유가 있다. 양자역학은 다음의 두 가지 원리에서 도출된 셈이기 때문이다.

1. 불확정성원리
2. 중첩 원리

대략적인 대응 관계를 따지자면 물리학의 원리는 수학의 공리에 해당하고 물리학의 법칙은 수학의 정리에 해당한다.

흔히 두 가지 사물이나 행위 또는 말이 '모순'된다고 할 때는 100% 서로 맞지 않는 상태를 일컫는다. 다른 말로 '흑 아니면 백'이라는 사고방식이다. 그러나 불확정성이란 모순이라는 개념을 50% 또는 70%라고 하는 '흑'도 '백'도 아닌 '회색' 영역까지 확장한 사고방식이다.

불확정성원리에 따르면 두 개의 물리량 사이의 '모순'을 '회색' 영역까지 확장해서 해석할 수 있다. 예를 들어 어느 소립자의 위치 x와 운동량 p가 서로 50% 정도 모순된다고 표현할 수 있다.

소립자의 위치 x와 운동량 p를 실험으로 측정할 경우 서로 50% 모순되기 때문에 양쪽의 측정 정확도를 높이면 어딘가에서 한계에 이르게 된다. 만약 위치 x의 정확도가 지나치게 높으면 운동량 p는 부정확해진다. 그 반대도 마찬가지다. 이를 수식의 형태로 나타내면 다음과 같다.

x의 측정 정확도 × p의 측정 정확도 ≥ 50%

그림 3-20 | 속도와 위치의 정확도 범위

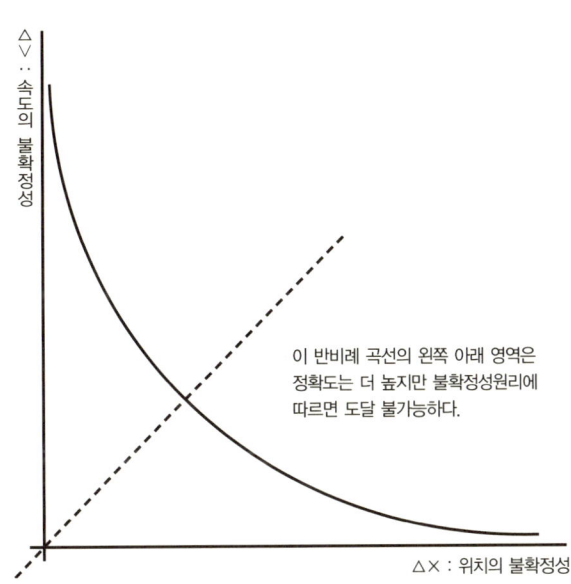

## 양자역학을 특징짓는 플랑크상수

앞에서 말한 50%는 정확히 말해 '$\hbar/2$'라는 물리 상수이다. 여기서 $\hbar$는 **플랑크상수**이며 에너지를 줄(J), 시간을 초(s) 단위로 측정한 경우 다음과 같은 매우 작은 값을 가진다.

$$\hbar = \frac{h}{2\pi} = 1.054\ 571\ 68(18) \times 10^{-34} \text{ J·s}$$

$10^{-34}$이므로 소수점 아래 서른네(34) 번째 자리가 되어야 비로소 1이 오는 매우 작은 값이다. 이 상수는 '**각운동량**'의 단위와 같다. 운동량이 운동의 힘인 것과 마찬가지로 각운동량은 회전운동의 힘이다. 회전운동의 힘에는 지구의 공전이나 자전운동의 각운동량, 팽이가 돌 때의 각운동량, 소립자 '스핀'(=양자역학적 자전)의 각운동량 등이 있다. 여기서는 이 상수를 위치 x와 운동량 p를 곱한 단위로 간주하지만 다음 세 가지의 단위는 모두 같다.

1. 위치 × 운동량
2. 각운동량
3. 에너지 × 시간

뉴턴의 중력 상수와 전자기학의 쿨롱 상수가 중력이론과 전자기학의 특징을 나타내듯 이 상수는 양자역학의 특징을 나타낸다. 즉 양자역학이란 소립자의 위치에 운동량을 곱한 값이나 소립자의 각운동량 또는 소립자의 에너지와 측정시간을 곱한 값이 플랑크상수 정도인 경우에 적용할 수 있다. 물리량이 플랑크상수보다 훨씬 클 때는 뉴턴역학이나 전자기학으로도 충분히 설명할 수 있다. 예를 들어 지구 공전의 각운동량은 매우 크기 때문에 양자역학을 사용해 계산할 필요가 없다.

- **플랑크상수** 디랙 상수라고도 한다
- **각운동량** 회전하는 물체의 운동을 나타내는 물리량을 물리학에서는 각운동량이라고 한다. 각운동량은 회전 관성과 각속도(1초에 회전하는 각도)의 곱으로 정의되는 양이다.

## 에너지보존법칙을 깨는 가상 입자

 시간과의 관련성을 보려면 '에너지 × 시간'의 부분에 대해 생각해볼 필요가 있다. 양자역학에는 실제로 존재하는 입자 외에 '가상 입자'라고 하는 기묘한 존재가 있다. 이름 그대로 현실에는 존재하지 않는 양자인 '가상 입자'는 에너지보존법칙●을 따르지 않는다.

 터무니없이 들리지만 실제 소립자론의 교과서에 실린 이론이다. 물론 에너지보존법칙이 전혀 성립하지 않는다는 뜻은 아니다. 불확정성원리에 따라 '단시간'이라는 조건이 붙는다. 에너지와 시간의 불확정성에 의해 소립자는 에너지의 모호함과 시간을 곱한 양이 플랑크상수의 반($\hbar/2$)보다 작으면 가상적으로 존재할 수 있다.

 비유적으로 설명하면 이는 지하철 광고판에서 볼 수 있는 '무이자 대출' 같은 것이다. 빌린 돈을 일주일 이내에 갚으면 이자를 물지 않아도 된다는 광고를 본 적이 있을 것이다. 이와 마찬가지로 단시간 내에 되돌려준다면 일시적으로 에너지를 빌려도 된다. 즉 본래 양자로 독립해 존재할 정도의 에너지를 갖고 있지 않지만 단시간이라면 빌려 올 수 있다는 뜻이다. 다만 이 같은 가상의 양자는 일순간만 존재하고 곧바로 소멸해버린다. 빌린 에너지를 되돌려 주어야 하기 때문이다. 거품 같은 덧없는 존재인 셈이다.

---

● 에너지보존법칙 열역학 제1법칙. 에너지 변환을 전체적으로 본다면 에너지의 총량은 항상 일정하다는 물리의 기본 법칙.

보충  양자역학을 공부할 때 곧바로 부딪히는 의문이 있다. 양자역학에서 물리량은 보통의 수가 아니라 '행렬'이나 '연산자' 같은 특수한 수학적 양이 된다. 위치 $x$와 운동량 $p$도 연산자이다. 불확정성은 이런 연산자 사이의 관계를 규정한 것이다.

 그러나 시간은 이런 의미의 연산자가 아니다. 따라서 에너지와 시간 사이의 불확정성은 다른 불확정성과는 의미가 다르다. 소립자의 에너지를 측정하려면 시간이 걸리기 마련인데, 시간을 들여 측정하면 더욱 정확하게 에너지가 결정되고 측정 시간이 짧으면 에너지의 값은 그다지 정확하게 결정되지 못한다는 의미의 불확정성이다.

 그런데 본문 중에 나온 것과 같이 가상 입자의 존재까지 고려하면 '짧은 시간이라면 에너지가 부족해도 상관없다'는 해석도 가능하다.

참고문헌 世界の名著 66 現代の科学 II: Max Planck(著), 湯川秀樹·井上 健(責任編集), 中央公論新社에 수록된 '量子論的な運動學および力學の直觀的な內容について: W. Heisenberg(著), 河辺六男(訳)'
 演習 量子力學: 岡崎 誠·藤原毅夫(著), サイエンス社, 2002

# 3-12 호킹의 '시간의 화살' 가설

시간은 과거에서 미래를 향해 흐른다.
그 반대는 성립하지 않는다. 왜일까?
호킹은 그 원인을 우주의 초기 조건에서 찾았다.

### '시간의 화살'의 세 가지 측면

'휠체어의 뉴턴'이라 불리는 영국의 우주물리학자 **스티븐 호킹**은 블랙홀과 우주의 기원에 관한 연구로 유명하다. 일반인에게는 과학계의 세계적인 베스트셀러 『시간의 역사』의 저자로 널리 알려져 있다. 호킹은 저서나 논문에서 **'시간의 화살'**에 대해 논하고 있다. 명쾌한 논지로 우리가 시간의 본질을 이해하는 데 도움을 주고 있다. 호킹에 따르면 시간의 화살, 다시 말해 '시간이 한 방향으로만 흐르는 것'에는 세 가지 측면이 있다.

1. 열역학적인 시간의 화살
2. 심리학적인 시간의 화살
3. 우주론적인 시간의 화살

맨 처음의 **'열역학적인 시간의 화살'**은 이미 사고실험인 맥스웰의 악마에서 언급한 바 있다. 무엇이건 그대로 두면 무질서해진다. 엔트로피가 증가하는 이 과정은 엎질러진 물을 다시 담을 수 없듯이 절대로 거꾸로 되돌릴 수 없다. 엔트로피가 증가하는 방향이 시간의 방향이다. 시간은 엔트로피가 증가하는 방향으로만 흐른다.

## 열역학적인 시간의 화살과 심리학적인 시간의 화살

두 번째의 '심리학적인 시간의 화살'은 우리 인간이 느끼는 시간의 방향을 말한다. 주로 인간의 기억과 관계가 있다. 우리는, 과거는 기억하지만 미래는 기억하지 못한다. 당연한 듯하지만 꼭 그렇지만도 않다. 좀 더 깊이 생각해보면 우리가 왜 시간의 한 방향만 기억하는지는 매우 어려운 문제이다.

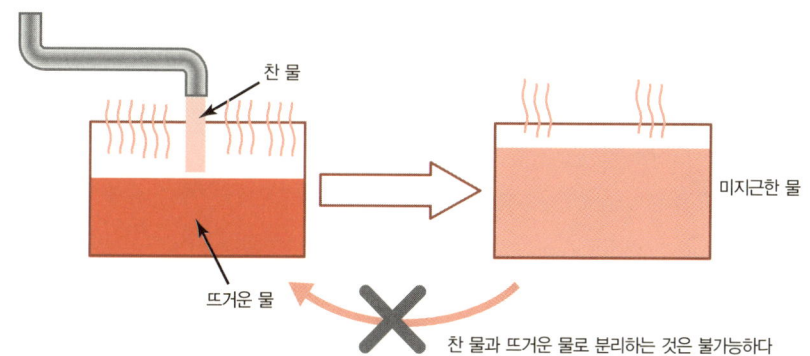

그림 3-21 | 열역학적인 시간의 화살

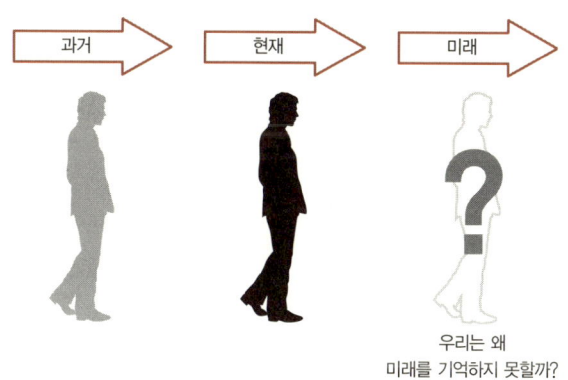

그림 3-22 | 심리학적인 시간의 화살

호킹은 이 기억의 문제를 컴퓨터 메모리에 비유해 설명했다. 인간의 뇌는 현대 과학의 힘으로도 완전히 해명할 수 없는데다 기억의 메커니즘 역시 불명확한 점이 너무 많기 때문이다. 인간의 기억을 컴퓨터 메모리에 비유한다고 해도 그것이 '기억' 메커니즘의 본질을 규명하는 데 한정한다면 크게 무리는 없을 것이다.

호킹은 컴퓨터가 무언가를 기억할 때 반드시 열이 발생하기 때문에 무질서도가 증가하여 엔트로피가 증가한다고 주장한다. 실제로는 컴퓨터가 기억할 때 엔트로피가 발생하지 않도록 할 수 있지만 리셋할 때, 다시 말해 '잃어버릴 때'는 반드시 열과 엔트로피가 발생한다는 것을 베넷은 증명했다. 무한히 큰 메모리를 가진 컴퓨터는 예외이나 유한한 크기의 메모리를 가진 컴퓨터는 언젠가는 리셋을 하지 않으면 메모리가 가득 차기 때문에 베넷과 호킹의 고찰은 잘 들어맞는다.

그렇다면 심리학적인 시간의 화살은 열역학적인 시간의 화살과 같다는 말이 된다. 따라서 열역학적인 시간의 화살, 달리 말해 시간의 방향과 엔트로피가 증가하는 방향이 같은 이유만 생각하면 된다.

### 우주의 팽창과 시간의 화살

그 이유로 제기된 것이 세 번째의 '**우주론적 시간의 화살**'이다. 우주는 아주 작은 양자 우주에서 출발하여 팽창하기 시작해 지금도 계속 팽창하고 있다. 그 팽창의 방식은 시대에 따라 차이가 있지만 현재는 가속적으로 팽창한다고 알려져 있다. 마치 자동차의 엑셀을 힘차게 밟은 상태와 같다.

우주의 팽창을 가속시키는 에너지원은 아인슈타인이 1917년에 도입한 '우주 상수(cosmological constant)'라는 신비의 에너지다. 우주 상수는 진공에 가득

● **우주 상수** 우주 척력의 크기를 나타낸다. 서로 미는 힘. 과거에는 일반적으로 이 우주 상수의 값이 0이라고 믿었다. 그러나 최근에 우주는 현재 가속되고 있고, 우주 상수 밀도인자가 매우 크다는 연구 결과가 나왔다. 이와 같이 우주 상수가 크면 우주는 시간이 지나면서 중력에 비해 척력 효과가 커지므로 팽창 속도가 점점 커진다.

차 있는 에너지로 만유인력과 반대의 성질이다. 그 자세한 성질은 아직 명확하지 않지만 요컨대 우주를 팽창시키는 에너지원이다.

호킹에 따르면 탄생 초기의 우주는 평평한 상태였다. 은하나 별 같은 입체적인 구조가 없었기 때문이다. 다시 말해 초기의 우주는 무질서도가 낮아서 엔트로피가 낮았다. 이 내용은 다음 절에 나오는 '허수 시간'과 밀접한 관계가 있다. 시간이 지나면서 우주에 복잡한 구조들이 생긴 결과 엔트로피가 증가했다.

**그림 3-23 | 호킹의 우주 모델**

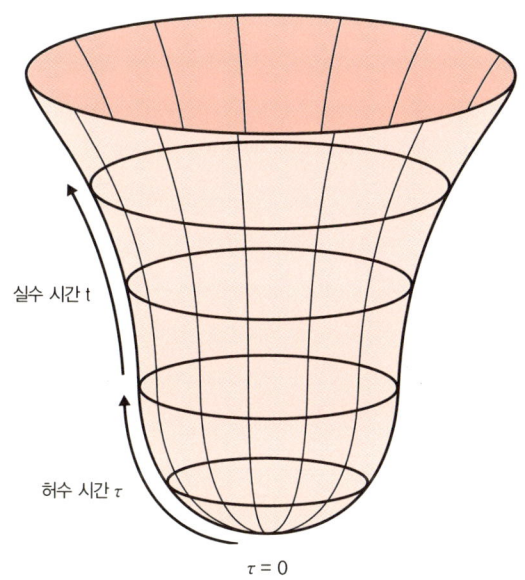

우주가 전체적으로 '초기에는 엔트로피가 낮았다'라는 조건이 바로 열역학적인 엔트로피 증가 법칙의 근원이다.

**질문 : 왜 우주의 도처에서 엔트로피가 증가할까?**
**대답 : 초기 우주의 엔트로피가 낮았기 때문에**

이 말은 우주 초기에 엔트로피 상태가 극단적으로 낮았기 때문에 나중에는 결국 엔트로피가 증가할 수밖에 없다는 뜻이다. 이러한 우주의 초기 조건에서 엔트로피 증가 법칙의 기원과 시간의 화살에 대한 답을 동시에 찾을 수 있다.

그렇다면 다음 질문은 '왜 우주는 엔트로피가 낮은 상태에서 시작되었을까?'가 될 것이다. 초기 우주의 엔트로피가 낮았다는 것으로 여러 의문에 대한 답을 얻을 수 있지만 왜 낮았는지에 대해서도 납득해야 하기 때문이다. 호킹은 이를 '허수 시간'과 밀접한 관련이 있는 **'무경계 가설'**로 설명한다.

**참고문헌** ホーキング 宇宙を語る: Stephen Hawking(著), 林一(訳), 早川書房, 1995
'Hawking on the Big Bang and Black Holes' Stephen Hawking(World Scientific)에 수록된 'Arrow of Time in Cosmology' Phys. Rev. D32 2489 (1985)

# 3-13 호킹의 '허수 시간' 가설

호킹은 '시간의 화살'의 기원이
초기 우주의 낮은 엔트로피 상태에서 비롯되었다고 본다.
그리고 그 이유를 탄생 초기의 우주가 매끈했기 때문이라고 말한다.

### 우주의 무경계 가설

우주의 시작에서 시간이 허수가 되면 시간의 시작은 소멸되고 우주에는 경계가 없어진다. 이것이 호킹의 '**무경계 우주론**'이다. 이미 앞서 살펴보았듯이 현재의 우주에서는 피타고라스 정리의 확장형에서 시간과 관련된 부분 앞에 음(−)의 부호가 붙게 된다. 이때의 시간은 현재 우리가 사용하는 시간 t로, 이것을 **실수 시간**이라고 한다.

실수 시간 t로 계산하면 피타고라스 정리에서 음수가 나온다.

물론 우주가 '그렇게 되어 있을' 가능성도 있다. 피타고라스 정리를 시공간에 확장해 적용할 경우 시간 t의 제곱 앞에 음(−)의 부호가 붙는 것이 현실의 우주일지 모르기 때문이다. 그렇다면 '왜 음수가 되는지'를 따지는 것은 의미가 없다. 신이 우주를 창조할 때 굳이 피타고라스 정리에 나오는 변수를 모두 양수로 할 생각이 없었을 수도 있다.

그러나 호킹은 '피타고라스 정리에는 역시 양수만 나오는 것이 좋다'고 생각했던 모양이다. 아래와 같이 실수 시간 t를 허수 시간 $\tau$로 변환했다.

$$it = \tau$$

이렇게 하면 다음과 같다.

$$s^2 = x^2 + (it)^2 = x^2 + \tau^2$$

따라서 피타고라스 정리에는 더 이상 음수가 나오지 않게 된다. 얼핏 보면 단순한 변수의 변환 같지만 여기에는 놀랄 만한 물리학적 해석이 들어 있다. 피타고라스 정리를 적용할 때 시간의 성분 앞에 음(-)의 부호가 나왔다는 것은 시간 t가 공간 x와는 성질이 전혀 다른 존재라고 할 수 있다. 시간과 공간은 유사하지만 동등하지 않다. 공간을 나타내는 x와 y와 z는 서로 동등(대등)하지만 t는 절반만 성질이 같다. 그러나 허수 시간 $\tau$는 x, y, z 각각과 대등하다. 다시 말해 결국 허수 시간 $\tau$는 '공간'이라고 해도 된다.

## 시작이 날카로운 특이점 정리

우주가 탄생했을 시점에는 지금보다 훨씬 작은 양자 정도의 크기에 불과했을 것이다. 우주는 지금도 계속 팽창하고 있고 태초의 우주 역시 지금과 같은 공간적인 확장이 있었을 것이다(그렇지 않을 가능성에 대해서는 180쪽 이후를 참조한다). 그렇다면 시간은 어떠했을까? 태초의 우주에서 시간은 실수 시간 t였을까? 아니면 허수 시간 $\tau$였을까? 호킹은 수학자인 펜로즈와 함께 매우 흥미로운 정리를 증명했다. '**특이점 정리**'라는 것이다.

**특이점 정리 – 우주의 시작이 실수 시간이면 특이점이 생긴다.**

특이점(singularity)이란 물질을 크기가 0이 될 때까지 계속 쪼개서 에너지 밀도와 온도가 무한대가 된 '특이'한 상태를 가리킨다. 다만 이 정리는 양자역학의 효과를 무시한 경우에만 성립한다.

이처럼 무한대의 물리량이 등장하면 물리학은 더 이상 성립되지 않는다. 물리학에서 사용하는 미분방정식은 '작게 나눈 옆 부분이 어떻게 되어 있는지'를 알고자 하는 계산이다. 차례차례로 먼 곳까지 미치는 영향을 아는 구조이지만 이런 예측은 유한한 물리량이 어떻게 변할지를 계산하는 것이다. 이 '유한'이라는 것이 절대 조건인 것이다. 어딘가에서 '무한'이 나오면 계산이 불가능하다.

 그림 3-24 | 특이점이 있는 우주

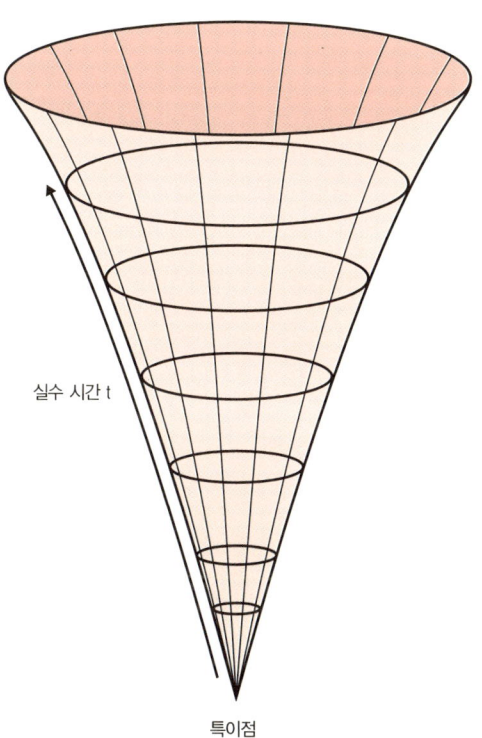

달리 말해 호킹과 펜로즈는 만약 우주의 시작이 실수 시간 t라고 하면 '우주의 시작은 뾰족하다'는 것을 증명한 것이다. 시간의 시작은 뾰족해서 에너지 밀도와 온도가 모두 무한대이고 그로부터는 어떤 것도 예측할 수가 없다. 우주의 기원과 관련해서는 어떤 물리법칙도 적용되지 못하는 것이다.

호킹은 이 부자연스러운 상황을 만나자 민첩하게 해결책을 마련했다. '실수 시간 t 대신 허수 시간 $\tau$를 도입'하기로 한 것이다. 허수 시간 $\tau$는 실수 시간 t와 달리 공간좌표인 x, y, z와 동일한 성질을 갖는다.

## 우주와 시간의 시작을 남극점에 비유한다

이해가 쉽도록 여기서는 $\tau$와 x만 생각한다. 지구의 남극을 머릿속에 떠올려보자. 그곳은 위도가 90도이고 경도는 몇 도이건 상관이 없다. 경도를 x, 위도를 $\tau$로 나타내기로 한다. 어떤 경도선 위를 남위 89도에서부터 걷기 시작하면 남위 90도인 남극점에 도달하고 그대로 계속 걸으면 다시 남위 89도가 된다. 단지 남극점을 통과했을 뿐이다.

한편 물리학에서는 구면의 위치를 지정할 때 남극의 위도를 0도, 적도의 위도를 90도로 표기한다. 이는 '시작점'을 적도가 아니라 남극점에 둔 것이므로 단순히 정의의 문제이다. 그러면 남극 주변을 여행하는 사람은 $\tau$=1도에서 시작해서 $\tau$=0도인 남극점을 통과해서 $\tau$=1도인 지점에 도달하게 된다. 여기서 남극점 주변을 '**우주의 시작**'으로 간주하자. 시간 $\tau$=0(도)에서 우주가 시작해서 이윽고 $\tau$=1(도)가 된다.

한편 이 우주와 시간의 시작($\tau$=0)은 뾰족하게 솟아 있을까? 그림에 나타냈듯이 그렇지는 않다. $\tau$=0인 점은 구면상의 다른 점과 동등하다. $\tau$=0인 점에는 이 세계에서 다른 세계로 가는 통로 같은 것은 없다. 우주의 시작점은 다른 부분과 마찬가지로 둥글다. 특이점이 아니다. 결국 허수 시간 $\tau$로 우주의 역사를 살펴보면 우주의 시작 $\tau$=0은 다른 점과 딱히 구별되지 않는 평범한 점이었던 것이다.

왠지 여우에 홀린 듯한 기분이지만 호킹에 따르면 우주의 시작이 허수 시간이

> **그림 3-25 | 남극점 = 우주의 시작**

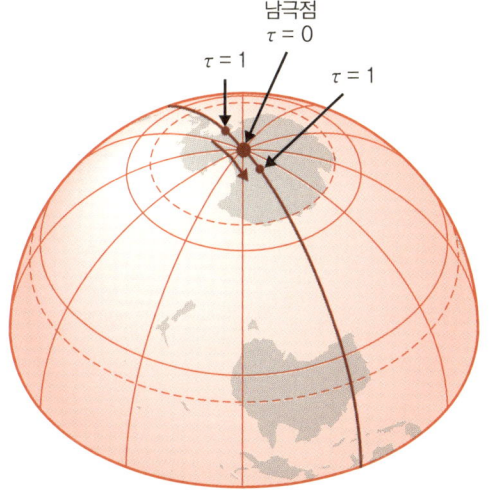

라면 특이점은 존재하지 않는다. 그뿐만 아니라 $\tau=0$이라는 점은 우주와 시간의 경계조차 아니라는 것이다. 왜냐하면 여행자의 예에서 알 수 있듯이 $\tau=1$인 점에서 $\tau=0$인 점을 지나 $\tau=1$인 점에 이르는 것이 가능하기 때문이다.

## '우주의 시작은 허수 시간'이라는 것은 증명할 수 있는가?

허수 시간 $\tau$로 본 우주는 둥글기 때문에 시간을 거꾸로 거슬러 올라가면 언젠가는 시간의 시작점을 지나쳐 버리게 된다. 그런 시작점이라면 **'시간의 시작'**이라는 이름에는 걸맞지 않는다. 다른 점과 특별한 차이가 없기 때문이다. 따라서 둥글고 매끈한 허수 시간의 우주에는 시간의 시작도 없고 우주의 경계도 없다. 물리학이 성립되지 않는 '특이점'도 존재하지 않는다.

호킹이 내린 결론은 아마도 이러했을 것이다. 물론 이것만으로는 궁금증이 다 해결된 것은 아니다. 납득이 되지 않는다는 독자도 많을 것이다. 우주의 역사를 실수 시간 $t$ 대신 허수 시간 $\tau$로 보면 물리학의 계산이나 개념상의 곤란을 피할 수 있다는 것을 호킹이 명백히 증명했더라도 '정말 우주의 시작이 허수 시간 τ였다'는 것은 어떻게 확인할 수 있을까? 우주의 생성은 단 한 번만 일어나는 현상이기 때문에 실험으로 확인할 수가 없다. 또 천문 관측으로 초기 우주가 허수 시간으로 시작되었다는 것을 알 수도 없다.

그런데 놀라운 것은 호킹은 애당초 우주의 시작 시간을 허수 시간과 실수 시간 중에 어느 것으로 정하려고 하지 않았다. 허수 시간과 실수 시간의 관계는 상대성이론의 상대성과 마찬가지로 계산하는 사람(계산 기법)의 차이에 지나지 않는다. 다시 말해 우주의 역사를 허수 시간 τ로도 실수 시간 t로도 계산할 수 있다는 말이다. 실수 시간 t로 계산하면 계산이 불가능하지만 허수 시간 τ로 계산하면 우주의 거동을 계산할 수 있다는 뜻이다.

믿기 어려운 가설이지만 물리학에서는 실수 시간 t와 허수 시간 τ를 치환해서 계산하는 방법이 자주 등장한다. 공학에서 진동을 다룰 때도 사실은 허수를 도입할 때가 많다. 우리는 무심코 우주의 시작에서 '시간'이 실제로 존재하는 것처럼 말하고 있지만 호킹에 따르면 우주의 시작에서 '시간'은 실재하지 않는다. 완벽한 계산을 통해 우주의 행동을 구체적으로 예측할 수 있고 그것이 현재의 천문 관측 결과와 일치하면 되기 때문이다.

호킹은 허수 시간과 무경계 우주론을 통해 은하의 탄생을 비롯한 다른 여러 가지를 예측했지만 공교롭게도 다른 가설에서도 그와 똑같은 결과를 예측할 수 있기 때문에 과연 우주의 시작이 무경계였는지는 확실히 말할 수 없다.

## 우주의 시작에서 엔트로피가 낮은 이유

드디어 우주가 탄생했던 시점에서 엔트로피가 낮은 이유를 설명할 수 있다. 호킹의 무경계 우주론에서 우주의 시작점은 허수 시간이고 '둥글다'. 그 우주의 모양은 편평한 구면에 가깝다. 완전하게 편평하면(고르면) 나중에 은하와 별이라는 구조물이 생겨나지 않기 때문에 다소 울퉁불퉁하지만 그래도 꽤 편평하다. 달리 표현하면 무질서도가 낮다. 즉 엔트로피가 낮다.

호킹의 허수 시간은 무경계 우주론으로 이어지고 초기 엔트로피가 낮은 우주 모델인 것이다. 이렇게 하여 호킹의 일관된 우주 모델에서는 우주는 엔트로피가 낮은 상태에서 시작되었고 그 이후는 엔트로피가 증가할 수밖에 없게 된다. 엔트로피가 증가하는 현상과 미래를 모르고 과거를 기억하는 현상, 우주가 팽창하는 현상이 다 동일한 방향으로 진행된다. 우주의 팽창과 엔트로피 증가는 같은 방향이고 시간의 화살에 대한 설명도 할 수 있다. 다만 호킹의 우주 생성 모델은 잠정적이었던 것으로 생각하는 것이 좋겠다. 더욱 정교한 우주 생성 모델인 스핀 네트워크 우주론이 등장하기 때문이다(다음 장 참조).

**참고문헌** ホーキング 宇宙を語る: Stephen Hawking(著), 林一(訳), 早川書房, 1995
'Hawking on the Big Bang and Black Holes' Stephen Hawking(World Scientific)에 수록된 'Wave Function of the Universe' Phys. Rev. D28 2960 (1983)

## 호킹의 허수 시간의 묘미

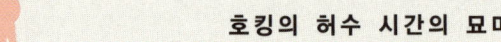

**구몬** 시간이 실수 시간 t일 때는 무한대가 되지만 허수 시간 τ일 때는 유한 범위로 계산 된다고 했는데, 예를 들어 설명해주시겠어요?

**유카와** 가장 간단한 예는 지수함수이지. 실수 시간 t를 사용한 exp(1/t)에서 t=0이 되면 무한대가 되지만, 실수 시간 t를 허수 시간 τ로 바꾸면 exp(i/τ)가 되기 때문에 τ=0 이라도 무한대가 되지 않지.

**구몬** 왜 그렇지요?

**유카와** 오일러의 공식이란 것이 있는데 여기서 허수의 지수함수는 삼각함수로 표현할 수 있기 때문이지.

$$\exp\left(\frac{i}{\tau}\right) = \cos\left(\frac{i}{\tau}\right) + i \cdot \sin\left(\frac{i}{\tau}\right)$$

τ가 0에 가까워도 삼각함수는 항상 −1에서 1 사이를 진동하기 때문에 무한대가 되지는 않아. 호킹의 허수 시간의 묘미는 실제 지수함수를 삼각함수로 치환해서 무한대를 피하는 데 있지. 실수와 허수의 관계로 지수함수와 삼각함수를 연결하는 것은 신비스러울 정도이지.

**구몬** 수학을 좀 더 깊이 공부하지 않으면 이해가 잘 되지 않겠군요. 허수의 지수함수와 삼각함수가 같다는 것은 학교에서도 배우지 않았거든요.

제4장

# 시간과 공간의 끝
## – 시간론의 최전선

시간에 대한 인간의 탐구와 사유의 역사를 좇아 고대 문명에서 출발한 우리의 여행도 이제 종착지에 가까이 오고 있다. 과연 시간론의 최전선에서는 어떠한 논의들이 이루어지고 있을까?

# 4-1 초끈이론의 세계

이론물리학의 최전선에 있는 초끈이론은 시간을 어떻게 파악하고 있을까? 궁극 이론의 하나인 초끈이론과 시간은 어떤 관계를 가지고 있는지 탐구해볼 필요가 있다.

지금까지 공간은 3차원이고 시간은 네 번째의 차원이라는 전제로 모든 이야기를 풀어왔다. 하지만 양자역학과 중력이론을 한데 아우르는 '궁극 이론'의 강력한 후보인 '초끈이론'에서는 공간은 10차원이고 시간은 열한 번째의 차원일 가능성이 높다고 주장한다. 4차원의 이미지도 머릿속에 떠올리기 어려운데, 11차원은 어떻게 형상화하면 좋을까? 이쯤 되면 시간에 대한 이해를 포기하고 싶을지도 모르겠다.

11차원이라는 믿기 어려운 고차원을 도입해야만 초끈이론이 모순 없이 완성된다고 한다. 수학적으로 곤란한 문제를 해결하기 위하여 일부 천재 물리학자들이 우주의 차원마저 억지스럽게 바꾸어버린 것은 아닐까 하는 생각마저 든다. 하지만 많은 물리학자들이 초끈이론을 지지하는 데에는 그 나름의 이유가 있다. 좀 더 자세히 살펴보자.

## 초끈이론이 인정받는 이유

많은 물리학자들을 매혹시킨 초끈이론은 '수학적으로 아름답다'는 다소 감상적인 평가마저 듣고 있다. 아름다운 시에서 진실을 느끼는 예술가처럼 물리학자들도 '아름다운' 이론에 감동한다.

초끈이론은 (중력을 설명할 수 없었던) 특수상대성이론과 양자역학으로부터 통해 이론을 구성한 것이지만 중력까지도 설명할 수 있다. 이치상 나올 수 없다고 생각했던 중력마저도 포함하는 이 새로운 이론의 등장에 물리학자들은 말로 표현할 수 없는 충격을 받았다. 완전히 관계가 없다고 생각했던 물건들에서 간절히 바라던 것이 뚝딱하고 만들어진 느낌이다. 이것은 단순한 우연일까? 아니면, 자연계에 깊이 숨어 있는 진리가 초끈이라는 이름으로 고개를 내민 것일까? 초끈이론의 매력은 한순간에 이론물리학자들을 사로잡아버렸다.

## 초끈이론의 정체

도대체 '**초끈**'이란 어떠한 것일까? 초끈의 정체를 좀 더 자세히 살펴볼 필요가 있겠다. 초끈이란 '플랑크 길이 정도의 크기를 갖는 끈 모양의 에너지 덩어리'이다. 고무밴드와 같은 모양으로 에너지가 흐르고 있는 초끈은 우리가 이미 알고 있는 어떠한 소립자보다도 훨씬 작은 크기를 가지고 있다.

초끈은 '양자'의 일종이기 때문에 불확정성을 가지고 있다. 초끈의 불확정성은 '플랑크 길이 이하의 위치 좌표는 불확정하다'는 특성을 가지고 있으며, 이는 보통의 소립자에 적용되는 불확정성과는 차이가 있다.

일반적인 불확정성은 '위치와 운동량은 동시에 플랑크상수 이하까지 정확하게 결정되지 않는다'는 특성을 가지고 있다. 예를 들면, 소립자의 운동량(및 그 불확정도)이 크면, 위치는 얼마든지 정확히 결정할 수 있다. 만일 소립자의 위치를 정확히 알고 싶다면 소립자의 운동량에 대한 정보를 포기하면 된다는 이야기이다.

하지만 초끈의 경우는 일반적인 소립자의 불확정성과 특성이 다르기 때문에,

운동량을 증가시켜 불확정도를 아무리 크게 하더라도 위치의 정확도를 높일 수는 없다. 왜 초끈은 점 모양의 소립자와는 다른 불확정성을 가지고 있는 것일까? 그 이유는 초끈이 고무밴드와 같은 형태이기 때문이다. 이 고무밴드 모양의 초끈이 정확히 어디에 있는지를 '보기' 위하여(위치 정보), 주위에 있는 높은 에너지의 소립자나 다른 초끈을 충돌시킨다고 가정해보자(높은 운동량).

하지만 작은 고무밴드와 같은 초끈은 에너지를 흡수하면 더욱 격렬하게 진동하기 때문에 어디에 있는지 더욱더 알 수 없게 된다. 끈 모양의 에너지 상태에서만 나타날 수 있는 특유한 현상이다. 따라서 초끈에서는 점 모양의 소립자에 적용되는 불확정성과는 다른 불확정성이 적용되는 것이다.

**그림 4-1 | 초끈**

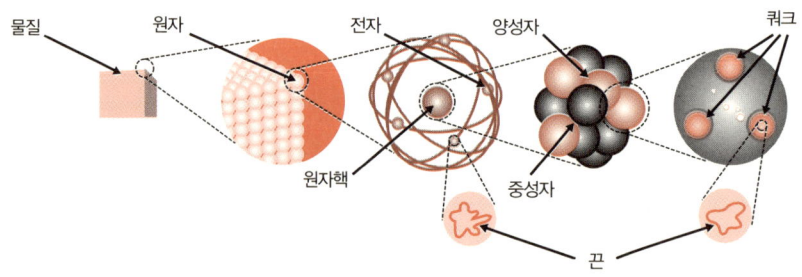

## 고무밴드의 이미지

좀 더 구체적인 이미지를 얻기 위하여 '고무밴드'를 머릿속에 떠올려보자. 이 고무줄을 광속으로 회전시킨다. 집게손가락을 고무줄에 집어넣어 빙글빙글 돌리면, 고무줄이 집게손가락을 중심으로 도는데, 그 회전속도를 점점 광속까지 높였다고 가정해보라. 고무밴드의 재질이 우리가 흔히 알고 있는 보통의 고무라면, 광속 회전의 원심력에 의해 잘게 부서져서 사방팔방으로 흩어져 날아가 버릴 것이다. 하지만 플랑크 길이 정도의 '초끈'은 대단히 높은 장력을 가지고 있기 때문에 광속으로 회전한다고 해도 잘게 부서지는 일은 없다. 달리 말하면, 믿기 어려울 정도로 강한 장력을 가진 '끈'이 바로 초끈이라고 말할 수 있다.

이제, 그와 같은 '끈'에 불확정성을 부여해보자. 앞서 설명했듯이, 불확적성으로 인해 끈의 윤곽은 희미해지고 그 위치를 정확히 말하는 것은 불가능해진다. 이와 같이 광속으로 회전하면서 격렬하게 진동하고 위치 정보가 불확정한 고무 밴드 모양의 에너지 상태를 초끈이라고 한다. ('초'의 의미는 좀 더 상세한 설명을 필요로 하지만, 이 책에서는 초끈의 이미지를 떠올리는 데 필요한 정도로만 설명하고자 한다.)

## 초끈이론에서는 시간이 2차원일 가능성도 있다

최근에는 초끈이 11차원이 아니고 12차원의 시공간에 존재하고 있다는 이론도 제시되고 있다. 이 이론에서는 공간은 10차원이고 시간은 2차원이다. 시간의 축이 두 개라는 것은 어떤 상황일까? 그와 같은 세계에서는 '시간이 경과한다'는 것도 어느 쪽 시간 축의 이야기인지 지정하지 않으면 안 된다는 것일까?

초끈이론은 더욱더 발전을 거듭하고 있고, 끈뿐만이 아니라 '막'도 이론적으로 존재하는 것으로 알려져 있다. 막이라고 해도 우리가 흔히 생각하듯이 2차원일 필요는 없으며 3차원이나 더 고차원의 막도 존재한다. 그리고 형상화하기가 거의 불가능하다고 생각되지만, 우리 우주 자체가 11차원의 우주 안에 존재하는 막에 지나지 않을 가능성도 제기되고 있다.

초끈이론은 어디까지나 가설이지만 매우 정밀한 이론들로 구성으로 되어 있다. 이 이론을 받아들이려면 우리 마음속에 품고 있는 시간과 공간의 개념에 대한 커다란 변화가 필요하다.

참고문헌 A First Course in String Theory: Barton Zwiebach(Cambridge)

## 4-2 시간은 왜 눈에 보이지 않을까? (2)

'시간은 왜 눈에 보이지 않을까?'
이 질문은 이 책의 메인 테마 중 하나이다.
공간의 존재는 눈으로 확인할 수 있지만, 시간은 눈에 보이지 않는다.
이제부터 그 이유를 밝혀볼 것이다.

### 시간이 눈에 보이지 않는 이유에 대한 네 가지 가능성

지금까지 시간에 대한 논의를 진행해오는 동안 우리는 시간이 눈에 보이지 않는 이유에도 한 발짝 더 접근해 있다. 왜냐하면 지금까지 논의한 물리학의 여러 가지 결과를 분석해보면, 시간이 눈에 보이지 않는 이유에 대한 몇 가지 가능성을 찾을 수 있기 때문이다.

> **가능성 1**
> 모든 소립자는 광속으로 지그재그 운동을 하고 있기 때문에, 주위의 시간은 처음부터 흐르지도 않았다. 주위의 시간은 원래부터 멈추어 있었던 것이다.

> **가능성 2**
> 시간이 공간과 동일한 허수 시간이라면 '보일'지도 모르지만, 현재의 우주 시간은 실수 시간이기 때문에 '보이지 않는다.'

> **가능성 3**
>
> 인간의 뇌는, 처음부터 3차원까지만 인식할 수 있는 구조로 되어 있다. 따라서 네 번째의 차원인 시간은 인간이 뚜렷이 인식할 수 없다.

> **가능성 4**
>
> 우리는 11차원 중에서 3차원의 '막세계'에 갇혀 살고 있다. 3차원보다 높은 차원은 3차원 안의 시계나 수식에 의한 계산으로 유추하여 짐작할 수밖에 없다.

보인다는 개념 자체가 물리학적으로 정의하기 애매한 것이기 때문에, 시간이 눈에 보이지 않는 가능성도 정리하기 어렵다. 눈에 보이지 않는 시간은 위의 네 가지 가능성이 동시에 작용한 결과일지도 모른다.

## 시간을 '본다'는 것은 어떤 것일까?

밤하늘에 총총히 빛나는 별을 올려다보는 것은 수백만 년 전에 그 별에서 나온 빛을 보고 있는 것이기 때문에 '과거'를 보고 있다고 할 수도 있다. 하지만 과거라고 해도 어디까지나 과거의 공간을 보고 있는 것이지 과거의 시간을 보고 있는 의미는 아니다. 시간과 공간을 나눠서 보거나 듣거나 만져본 경험이 있는가? 시간은 항상 공간과 떼려야 뗄 수 없는 존재이기 때문에 시간 그 자체만을 따로 분리하여 관측할 수는 없다.

그렇다면 공간은 어떨까? 공간의 한 방향만을 물리적으로 분리해서 관측하는 것은 가능할까? 공간은 항상 3차원으로 퍼져 나가고 있기 때문에 거기에서 1차원만을 집어내는 것은 불가능하다. 그건 고사하고, 모든 물리학적인 실험과 관측은 반드시 시간을 필요로 한다. 그래서 공간만을 보고 있으려고 해도 실제로는 시간도 동시에 '보고 있는' 것이 된다. 항상 시간이 관계되어 있는 것이다. 결국 우리 우주는 따로 분리할 수 없게 통합되어 있는 **'4차원 시공간'** 이기 때문에 거기에서 1차원만을 따로 떼어내어 관측할 수는 없다.

시간은 우리가 우주를 관측할 때 사용하는 편리한 개념틀에 지나지 않는다. 하지만 우리가 그 개념틀이 실재한다고 굳게 믿는 바람에 온갖 잘못된 인식이 생겨났다고 할 수 있다. 실제로 상대성이론의 세계에서는 시간과 공간은 좌표축의 '회전'으로 섞여 버린다. 어떤 사람에게는 시간 성분인 것이 다른 사람에게는 공간 성분이 될 수 있다. 상대성이론에서는 시간과 공간의 분명한 구분 같은 것은 없다.

시간이 눈에 보이지 않는 이유는 이처럼 복잡하고, 처음부터 문제 설정 자체가 의미 없다고 말하는 편이 좋을지도 모르겠다. 이 문제는 철학적이고 물리학적이며 또 수학적이기도 하다. 우리는 앞으로 '보이지 않는다'는 개념을 더욱 깊이 파고들어 궁극적으로는 시간뿐만 아니고 공간이라는 개념틀마저도 일종의 환상에 지나지 않는다는 결론에 도달할 것이다.

**그림 4-2 | 시간과 공간의 관계**

시간과 공간은 서로 분리할 수 없다

# 4-3 시간축이 한 개가 아니면 우주는 어떻게 될까?

우리 우주는 3차원의 공간과 1차원의 시간으로 이루어져 있다고 생각할 수 있다.
그런데 차원을 나타내는 숫자에는 어떤 의미가 있는 것일까?
차원이 늘었다 줄었다 하면 어떻게 될까?

## 3차원 + 1차원 = 안정한 우주

뉴턴역학과 맥스웰의 전자기학은 3차원 공간과 1차원 시간의 구조를 바탕으로 실험과 잘 일치하는 결과를 도출할 수 있다. 공간과 시간의 차원에 대한 이러한 구조는 아인슈타인의 상대성이론과 중력이론은 물론이거니와 양자역학에서도 변함없이 통용되었다. 하지만 초끈이론에 의하면 공간은 3차원이 아닌 10차원이며 시간도 2차원일 가능성이 있다. 초끈이론이 옳다고 해도, 공간은 어디까지나 3차원이고 시간은 1차원이라는 우리의 인식을 바꾸기는 어려워 보인다.

실제로 우리가 체험하는 세계의 공간과 시간의 차원이 3과 1이 아니라면 매우 곤란한 일이 벌어진다. 가령 그와 같은 세계가 존재한다고 해도 우리와 같은 생명체는 존재할 수 없기 때문에 처음부터 시간과 공간에 대하여 생각하는 것도 불가능하다.

막스 테그마크(Max Tegmark, 1967~)라는 물리학자는 공간과 시간이 각각 3차원과 1차원이 아니라면 어떻게 될지를 이론적으로 계산하여 일람표를 만들었다. 테그마크의 표에 따르면 지나치게 단순한 우주에서는 복잡한 생명체가 처음부터 만들어지지 않음을 알 수 있다. 또 공간이 4차원인 우주는 불안정하다는 것도 알 수 있다. 공간이 4차원이면 중력의 법칙이 변하고, 행성의 타원궤도가 유지되지 않으며, 지구는 태양계의 아득히 먼 저편으로 날아가거나 태양으로 돌진해 갈지도 모른다.

현재와 같은 3차원 공간과 1차원 시간 대신에 1차원 공간과 3차원 시간을 갖는 우주는 타키온이라는 소립자로 만들어진다. 타키온은 허수의 질량과 시간을 거슬러 올라 갈 수 있는 특성을 가진다. 타키온으로 이루어진 우주에서는 중력도 인력이 아닌 반발력이 되기 때문에 우주 전체는 불안정해진다. 물질이 안정하게 존재할 수 있는 것은 3차원 공간과 1차원 시간으로 이루어진 우주에 한정되는 것 같다.

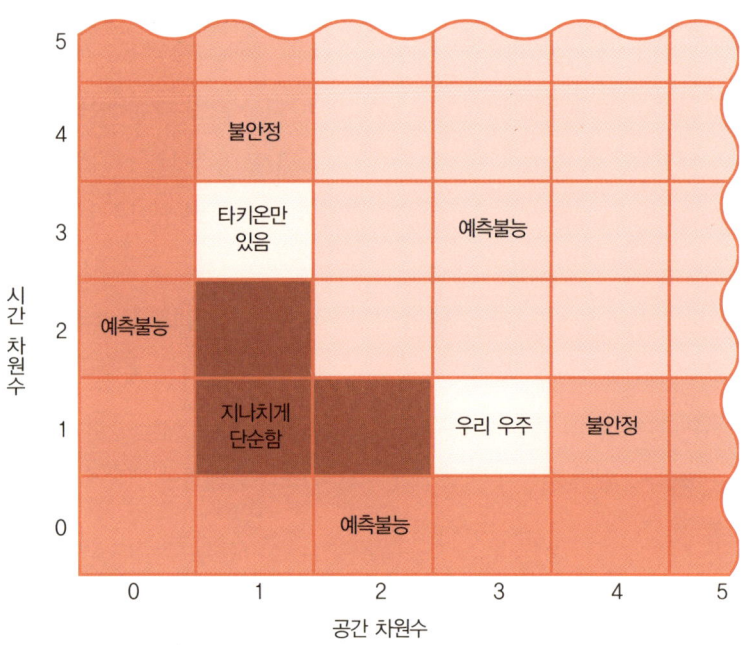

그림 4-3 | 테그마크의 표

## 인간원리로 생각하는 방법

이와 같이 '우리 인간이 존재하기 때문에 이 우주의 구조가 지금과 같아야 한다'는 발상법을 **'인간원리'**라고 한다. 인간원리는 그 자체가 물리학적으로 새로운 정보를 주는 것은 아니지만, '우주는 왜 4차원일까?'라는 질문에 대한 하나의 대답을 제시해준다고 볼 수 있다.

물론, 인간원리에 의존하지 않고 물리학 방정식만으로 우주가 필연적으로 4차원이라는 것을 도출한다면 더 만족스러울 것이다. 현재 우주의 차원 그 자체에 구체적인 제약 조건을 부과하는 물리학 이론은 초끈이론밖에는 없다. 하지만 초끈이론이 예측하는 우주는 4차원이 아니고, 훨씬 높은 차원이다.

참고문헌·URL 'On the dimensionality of spacetime', M. Tegmark, Classical and Quantum Gravity, 14, L69–L75 (1997)
http://www.theophys.kth.se/old/max/dimensions.html

#  이그조틱한 4차원

수학의 개념 중에는 '이그조틱(Exotic)' 한 차원이라는 것이 있다.
이그조틱이라는 개념은 일종의 미분 개념이지만
학교에서 통상적으로 배우는 미분보다는 훨씬 더 복잡한 개념이다.
이그조틱이라는 관점에서는 4차원만이 특별한 의미를 갖는 것으로 알려져 있다.

수학자들은 아마도 우주가 4차원일 수밖에 없는 이유를 이미 알고 있을지 모른다. 어떠한 이유로 인해 4차원만이 '특별' 한 의미를 갖는다면, 우주가 필연적으로 4차원이라는 것을 이해할 수 있을지도 모른다. 그 힌트가 될 수 있는 것이 '이그조틱' 이라는 수학의 개념이다.

### '미분' 이란 무엇인가?

우리는 학교에서 미분과 적분을 배운다. 미분과 적분은 이해하기 어려운 개념과 복잡한 계산을 필요로 하기 때문에 대부분의 사람들이 수학에 좌절하거나 아예 포기해버리는 원인이 되기도 한다. 하지만 학교에서 배우는 미분 정도에 놀라고 있어서는 안 된다. 4차원을 다루는 수학에서는 무한한 종류의 미분이 존재할 수 있는 것으로 증명되어 있다.

미분을 알기 쉽게 말하면 '무한히 가까운 옆 부분이 어떻게 되어 있을까?' 를 조사하는 도구라고 할 수 있다. '무한히 큰 배율을 갖는 확대경으로 어떠한 변화가 일어나고 있는지를 들여다보는 것' 이 미분의 물리학적인 이미지이다.

대부분의 물리학 방정식도 미분방정식으로 되어 있다. 예를 들면 미분방정식은 어떤 위치에 점전하가 존재할 때, 그곳에서 무한소의 거리만큼 떨어져 있는 곳의 전자장이 어떻게 되어 있을지를 알려준다. 이러한 방식으로 공간 안의 모든 점들에서 전자장의 거동을 순차적으로 계산할 수 있다. 중간에 다른 물체가 존재하면 전자장의 거동도 바뀌기 때문에 적절한 경계 조건(=물체가 있는 곳에서 전자장의 거동을 나타내는 식)을 설정해주면 된다.

우리가 알고 있는 통상적인 미분은 예를 들면 다음과 같다. t의 제곱(2승)을 t로 미분하면 2t가 된다. 이것은 변수가 t밖에 없기 때문에 1차원 미분이라고 한다. 변수가 하나인 것은 예를 들면 줄자의 눈금과 같은 것이기 때문에 '수직선'이라고 할 수 있다. 이것을 기호 'R1'으로 표시한다. 하지만 변수를 더 늘리는 것도 가능하다. t와 x 같은 두 개의 변수가 있으면, 2차원 미분을 할 수 있다. 이와 같이 변수가 두 개인 것은 그래프용지와 같은 평면을 떠올리면 쉽게 이해가 될 것이다. 기호로는 'R2'로 표시한다. 같은 방식으로 3차원인 R3와 4차원인 R4를 생각할 수 있다.

## R4(4차원)에 있는 무수히 많은 이그조틱

1983년 도널드슨(Simon Donaldson, 1957~)이라는 수학자가 놀라운 정리를 증명했다.

> **정리 : R4에는 이그조틱한 구조가 무수히 많다.**

달리 말하면 통상적인 미분과는 다른 미분인 R4′와 더 한층 다른 미분인 R4″ 등과 같이 이그조틱한 구조가 무수히 존재한다는 것이다. 이그조틱한 구조는 쉽게 형상화하기 어렵다. 예를 들면 우리가 알고 있는 세계인 R4에서는 미분 가능한 함수가 이그조틱한 세계인 R4′에서는 미분할 수 없게 되는 것과 같은 느낌이다.

좀 더 구체적인 예를 들어 알기 쉽게 설명할 수 있다면 좋겠지만, 유감스럽게도 어떤 수학책을 읽어보아도 수학을 전공하지 않은 일반인이 이해할 수 있는 구체적인 예는 나와 있지 않다. 무수히 많은 이그조틱한 구조가 있다는 것과 그것을 구체적으로 형상화하는 것은 다른 문제이기 때문이다. 한 가지 놀라운 것은 이그조틱한 구조가 R4 이외에는 존재하지 않는다는 사실이다. 달리 말하면 우리가 알고 있는 R1, R2 및 R3에서의 미분은 한 종류만 가능할 뿐이고 그것과 다른 이그조틱한 미분은 존재하지 않는다. 4차원만이 무수히 많은 '이그조틱한 세계'의 가능성을 속으로 간직하고 있다는 점에서 특별한 것이다.

**그림 4-4 | 이그조틱한 R4의 이미지**

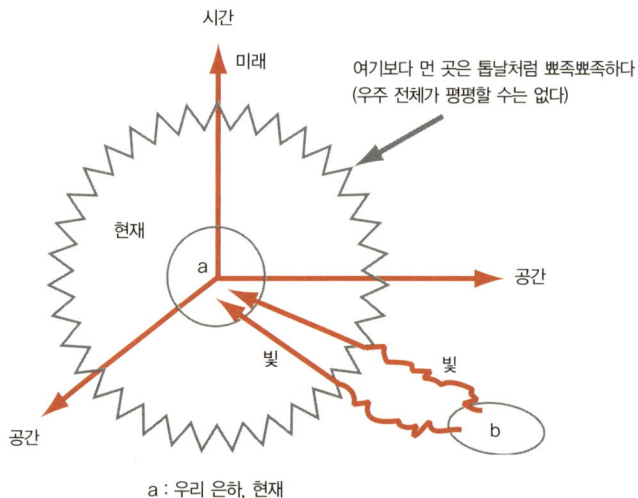

a : 우리 은하, 현재
b : 아득히 먼 저편의 은하, 옛날

참고문헌·URL  4次元のトポロジー : 松本幸夫(著), 日本評論社, 1991
　　　　　　　Instantons and Four-Manifolds: Karen K. Uhlenbeck and Daniel S. Freed(Springer)
　　　　　　　EXOTIC SMOOTHNESS ON SPACETIME: Carl H. Brans
　　　　　　　http://arxiv.org/pdf/gr-qc/9604048

## 4-5 다세계와 시간

이 절에서는 다세계와 '가지를 치는' 형태를 갖는 시간에 관하여 두 가지 정도 살펴볼 것이다. 하나는 양자역학의 '다세계 해석'이라는 것이고, 또 다른 하나는 '아기우주'에 관한 이야기이다.

### 무수히 가지를 친 다세계

먼저 양자역학의 다세계 해석부터 살펴보자. 휴 에버렛 3세(Hugh Everett III, 1930~1982)라는 물리학자는 양자역학의 '확률'에 대해 고찰하다 흥미로운 말을 했다. 예를 들면 양자역학에서는 방사능을 가지고 있는 원자가 1시 35분 21초에 붕괴한다고 단정적으로 예언할 수는 없지만, 붕괴 확률이 어느 정도인지는 계산할 수 있다는 것이다. 그런데 실제로 1시 35분 21초에 그 원자가 붕괴했다고 하자. 그렇다면 에버렛 3세는 그 원자가 붕괴하지 않은 세계도 함께 고려하고 있었던 것이다. 에버렛 3세는 이 세계가 양자역학의 확률에 따라서 자꾸자꾸 가지를 쳐나간다고 생각한 것이다.

### 그림 4-5 | 시간이 가지를 친 다세계 해석

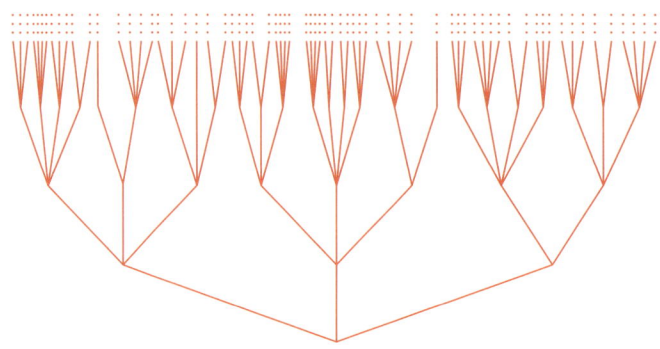

　다세계는 SF소설에서 자주 등장하는 평행우주와 유사한 이야기다. 에버렛 3세는 정교한 양자역학 방정식의 확률적인 예언을 '여러 가지 확률로 가지를 친 다세계가 존재한다'고 해석한 것이다.

　물론 우리는 그 수많은 가지들 중의 하나에 있고, 다른 가지로 옮겨 탈 수는 없기 때문에, 정말로 평행우주가 존재할지 어떨지는 확인할 도리가 없다. 이와 같이 실험이나 관찰을 통하여 증명할 수 없기 때문에, 에버렛 3세의 제안은 '별난 생각'이라는 평가로 끝나고 말았다.

　다세계 해석에서 나온 수많은 가지는 보는 방법에 따라서는 시간이 자꾸자꾸 가지를 치는 것이라고도 말할 수 있다. 다만, 각각의 가지에서는 하나의 시간만이 존재한다.

## 아기우주의 기묘한 세계

　다음으로 호킹의 양자우주 이론에서 파생된 **아기우주**에 대하여 살펴보자. 아기우주는 원래 양자의 불확정성에서 기인한 것이다. 시간과 공간 그 자체가 불확정하기 때문에, 아기우주도 거품과 같이 생성과 소멸을 반복한다. (삼라만상을 생성과 소멸의 과정으로 파악하는 불교적인 세계관과 유사하다!) 새롭게 생성된 시공간이 우리 우주의 시공간에서 떨어져 나가 제멋대로 성장하기 시작한 것이 바로 아기우주이다.

에버렛 3세가 주장한 평행세계와는 달리, 시공의 불확정성에 의해 생겨난 평행세계에서는 시공간의 차원이 4차원일 필요는 없으며 물리법칙이 달라져도 상관없다. 다만, 그와 같은 우주를 방문할 방법이 현재로서는 발견되지 않았기 때문에 설령 아기우주가 실재한다고 해도 실험이나 관찰을 통해 확인할 수는 없다.

아기우주에서는 시간이 여러 개일 가능성이 있다. 그러나 시간이 하나가 아니라면 물리적으로 안정된 구조는 생길 수 없기 때문에, '우주에 대하여 이것저것 생각하는' 생물체도 당연히 출현하지 않을 것이다.

그림을 보면 우리 우주가 아기우주와 연결되어 있다. 어쩌면 그 연결통로가 블랙홀과 같은 것일지도 모른다. 하지만 먼 미래에 지금보다 발달된 과학문명을 갖

그림 4-6 | 아기우주

게 된 우리의 후손이 우주선을 타고 블랙홀 탐험에 나선다고 해도, 블랙홀로 끌려들어간 탐험가들이 어떠한 체험을 할지는 우리 우주에 있는 사람들로서는 완전히 알 도리가 없다. 블랙홀의 내측에서 외측으로 정보를 전달하는 것은 (거의) 불가능●하기 때문이다.

### 다세계 해석과 아기우주

**구몬** 다세계나 아기우주나 모두 양자역학에서 비롯된 것이지요?

**유카와** 그렇지.

**구몬** 그렇다면 양자역학에서 시간은 원래 가지를 치는 것으로 되어 있나요?

**유카와** 다세계는 일반적인 양자역학의 해석이고, 아기우주는 양자역학의 예측이기 때문에 수준은 좀 다르지만 자네가 한 말도 일리는 있지.

**구몬** 어쨌든 자신의 세계가 어느 가지에 있는지는 이미 정해져 있기 때문에 다른 가지로는 갈 수 없다는 말이지요?

**유카와** 다세계 해석에서는 불가능한 일이지. 아기우주라면 가지의 끝 부분에서 다시 연결될 수도 있겠지만 실제로는 불가능하겠지.

● 호킹은 블랙홀이 증발한다고 주장한다. 그렇다면 조금씩이나마 내부의 정보가 외부에 누설되고 있다는 것이다. 그래서 '거의'라고 쓴 것이다.

참고문헌 'Quantum Theory of Measurement' John Archibald Wheeler and Wojciech Hubert Zurek ed (Prinston)에 수록된 '"Relative State" Formulation of Quantum Mechanics' Hugh Everett III, Reviews of Modern Physics 29, 454 (1957)

## 4-6 둥근 고리와 같은 시간

현대물리학의 세계에는 '유한온도장 이론'이라는 연구 분야가 있다. 이 절에서는 '유한온도장 이론' 그 자체를 살펴보지는 않겠지만, 그 이론에서 사용되는 경계조건이 시간을 '원'으로 설정하고 있다는 사실에 주목할 필요가 있다.

### 경계조건이란 무엇일까?

상자 안에 많은 분자들이 들어 있다고 가정하자. 분자는 열운동에 의해 이리저리 날아다니다가 벽에 부딪히면 다시 튀어나오게 될 것이다. 따라서 분자운동에 대한 물리학 방정식을 풀려면, 상자의 '경계'에서는 분자의 운동량이 반대로 된다는 경계조건을 설정해야 한다.

한편 '**주기적 경계조건**'이라는 것도 있다. 이것은 분자가 상자의 오른쪽 벽에 부딪히면 왼쪽 벽에서 나오게 된다는 조건이다. 어쩐지 기묘한 느낌이 들지도 모르지만, 상자가 정사각형이 아니고 도넛 모양을 하고 있다고 생각하면, 이러한 '주기적'인 경계조건이 있어도 이상하지 않다는 것을 알 수 있다.

다만 분자가 상자의 윗벽에 부딪히면 밑벽에서 나온다는 조건도 동시에 설정하는 것은 곤란하다. 하지만 이것도 '공간'이 도넛 안쪽의 공동이 아니고 도넛의 표면과 같은 것이라고 생각하면 좌우와 상하의 양방향에서 주기적인 경계조건을 눈으로 보는 것이 가능하다. 다만 공간의 차원을 3차원에서 2차원으로 떨어뜨려야 한다.

3차원의 주기적 경계조건은 그 상태를 눈으로 직접 볼 수는 없다. 이런 경우는 상자 안을 돌아다니는 분자를 상상하면서 '오른쪽에서 나오려면 왼쪽에서부터 돌아가고, 위에서 나오려면 아래에서부터 돌아간다'고 단순하게 외울 수밖에 없다.

또 여기서 '도넛'이라는 표현을 사용했는데, 물리학자에게 도넛은 사각의 상자에 상하와 좌우의 주기적 경계조건을 설정한 것이고 상자 자체가 (도넛 가게에서 파는 진짜 도넛과 같이) 구부러져 있을 필요는 없다. 한편 공간뿐만 아니고 시간에 대한 경계조건도 설정할 수 있다.

**그림 4-7 | 경계조건**

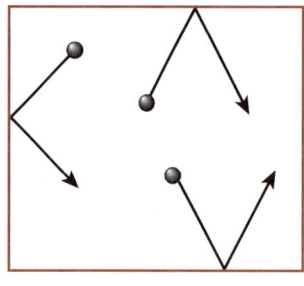
분자의 운동량이 반대가 되는
경계조건

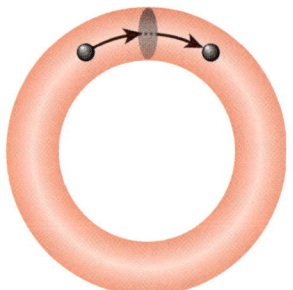
오른쪽 벽에 부딪히면 왼쪽 벽에서 나오는
주기적 경계조건

## 시간의 경계조건

유한온도장 이론에 등장하는 시간에 대한 경계조건은 시간 방향이 '도넛', 즉 '둥근 고리' 모양으로 되어 있다는 조건이다. 시간은 1차원이기 때문에 둥근 고리가 아니고 '원'이라고 해도 상관없다. 이러한 경계조건에서는 어떤 시간이 지나면 물리계의 상태가 다시 시간이 0인 상태로 되돌아가기 때문에 마치 불교에서 말하는 '윤회'와 비슷하다고 볼 수도 있다. 시간은 1차원이기 때문에 그 형태(=경계조건)의 종류도 한정되어 있다.

1. 과거로도 미래로도 무한히 퍼져나간다(직선).

2. 시간 0에서 시작하여 무한한 미래로 지속적으로 흘러간다(반직선).

3. 다시 제자리로 돌아온다(둥근 고리).

물론, 우주 그 자체가 가지를 치는 '아기우주'와 같은 경우에는 시간도 가지를 친다고 간주해도 좋다. 하지만 우주가 하나의 경로를 따라 변화하는 한 시간은 이 세 종류 중 한 가지 형태로만 존재한다. 하지만 우주 시간의 형태가 이 세 종류 중에서 어떤 것으로 되어 있을지 지금 현재로서는 확실하게 알 수 없다.

#  웜홀형 타임머신

우리가 시간에 대하여 이야기할 때
반드시 짚고 넘어가야 하는 것이 타임머신이다.
이 절에서는 손(Thorne)의 타임머신에 대하여 살펴볼 것이다.

양자 세계에서 시간이 역행하는 것은 (어떤 의미에서) 당연하다는 것을 알았다. 그것은 '음(-)에너지를 가지고 시간을 역행하는 전자 = 양(+)에너지를 가지고 시간을 순행하는 양전자'라고 해석할 수 있다. (이런 상황은 말로 하면 왠지 어렵게 느껴지지만 파인만 다이어그램을 보면 쉽게 이해할 수 있다.)

하지만 이와 같이 미시(Mircro) 세계에서 당연히 일어나고 있는 시간의 역전현상은 거시(Macro) 세계에서는 관찰되지 않는다. 왜 그럴까? 호킹의 분석에 따르면, 그것은 우주가 시작할 때의 엔트로피와 깊은 관련이 있다. 엔트로피라는 것은 많은 수의 물체를 다룰 때 비로소 의미를 갖는다. 즉 수학적으로 말하면 '통계'적인 해석이 필요한 개념이다.

## 타임머신은 가능한 것일까?

미시 세계에서 소립자 한 개가 시간을 거슬러 올라가는 것이 가능했다고 해도, 거시적인 관점에서 보면, 즉 통계적으로는 시간이 흐르는 방향은 과거에서 미래로 정해져 있다. (이와 같은 거시적인 시간의 흐름을 우리는 '과거, 현재, 미래'

라고 부른다.)

우리가 이야기하고자 하는 타임머신은 바로 거시적인 시간의 흐름을 거슬러 올라갈 수 있는 장치를 만들 수 있을지에 대한 문제일 것이다. 과연 인간을 과거로 데려다 줄 수 있는 기계장치는 만들어질 수 있을까? 실제로 이와 같은 가능성을 고찰한 물리학 논문이 있다. 물리학 이론에 관하여 호킹과 여러 차례 내기를 한 것으로 유명한 **킵 손**(Kip Thorne)이라는 물리학자가 쓴 논문이다.

손은 친구 고 **칼 세이건**(Carl E. Sagan)의 부탁으로 영화 〈콘택트(contact, 1997)〉를 위하여 행성외항행의 원리를 깊이 탐구하다가 타임머신에 대한 생각이 번쩍 하고 떠올랐다고 한다. 손의 타임머신은 우주의 '**웜홀**'(벌레 먹은 구멍)을 이용한다. 웜홀은 시공간의 좁은 통로로, 시공간의 불확정성에 의해 어디에도 존재할 수 있다. 지금 우리의 눈앞에도 무수히 많이 존재한다. 결국 손의 타임머신은 시공간의 불확정성에 의해 '거품'과 같이 생성과 소멸을 반복하고 있는 플랑크 길이 정도의 초마이크로 구조인 웜홀을 이용하는 대담한 발상이다.

## 타임머신의 제작 과정

우연히 원자보다 더 작은 웜홀을 발견했어도 인간이 그 안으로 들어갈 수 없기 때문에 에너지를 주입해 마이크로 웜홀을 1m 정도의 규모로 확대해야 한다. 그러려면 소립자 물리학에서 사용하는 입자가속기를 동원해야 할 것이다. 입자가속기는 소립자들을 충돌(소멸)시켜 얻은 에너지로 새로운 소립자를 생성하는 연구를 할 수 있는 거대한 실험 장치이다. 현재 세계 최대의 입자가속기는 유럽입자물리연구소(CERN)의 거대강입자가속기(LHC)이며 둘레 길이는 무려 27km나 된다.

현재의 기술로는 시공간의 거품 웜홀을 1m 규모까지 확대할 수 있는 에너지를 발생하는 입자가속기를 제작할 수는 없다. 미래에 충분히 높은 에너지를 발생시킬 수 있는 입자가속기가 건설된다면 손이 생각한 타임머신의 실현에 한 발짝 더 가까워지게 될 것이다.

### 그림 4-8 | 시공간의 거품

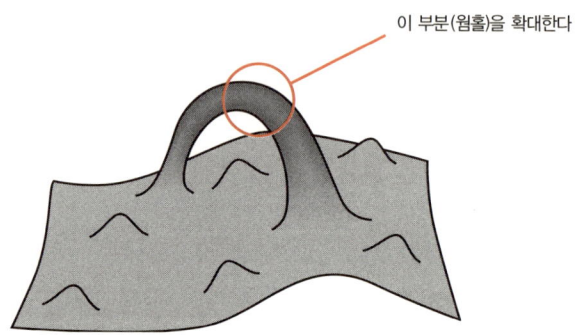

이 부분(웜홀)을 확대한다

시공간의 거품 웜홀을 1m 규모까지 확대할 수 있다고 하더라도 (또는 우주 어딘가에 원래부터 존재하던 큰 웜홀을 발견했다고 하자.) 이 역시 우주의 다른 곳으로 연결되어 있는 간단한 시공간 터널에 지나지 않는다.

다음 과정으로 웜홀의 입구에 가속도를 걸어 흔들리게 만든다. 아인슈타인의 중력이론에 따르면 가속도가 걸리면 시간의 흐름이 느려진다. 이미 예상한 것과 같이 이렇게 시간이 느려진 입구에서 웜홀 속으로 날아 들어가 반대편 출구로 빠져나오면 자동적으로 과거로 가는 여행이 가능해진다. 이것이 손이 제안한 타임머신의 시나리오다.

하지만 손의 계산에 따르면 웜홀이 1m 규모까지 커져도 그 상태로는 중력 때문에 곧바로 붕괴되고 만다. 커지자마자 순식간에 붕괴되는 터널로 타임머신을 만들 수는 없다. 그래서 터널을 내부에서 지탱하기 위한 보강재가 필요하다. 일반적인 물질로 만든 터널이 아니라 시공간 자체의 터널이므로 보강재에 사용할 물질도 '진공 에너지' 같은 것이 아니면 안 된다. 터널을 붕괴시키려는 힘은 만유인력이므로 그 반대의 만유척력(=반발력)을 가진 에너지가 필요하기 때문이다. 손은 그와 같은 물질을 '이그조틱한 물질'이라고 부른다. (이그조틱한 미분과는 관계없다.)

**그림 4-9** | 웜홀을 이용한 타임머신

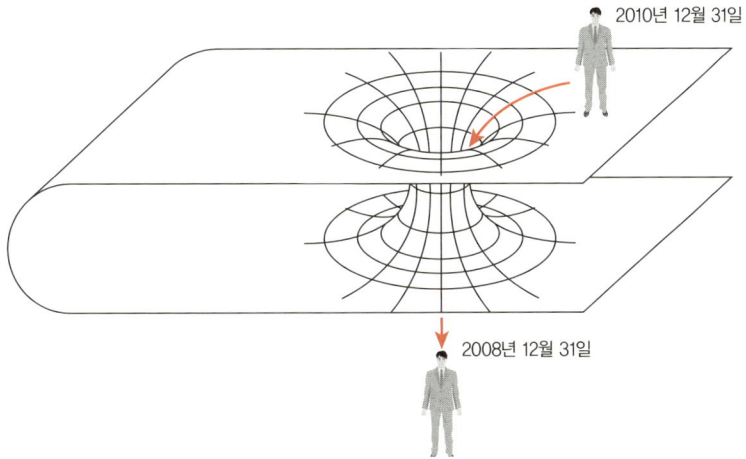

손이 상상하는 이그조틱한 물질은 아직 지구상에서 발견된 적이 없다. 우주 어딘가에 있을지 없을지도 모른다. 만약 미래에 우주탐사선이 **이그조틱한 물질**을 발견한다면 그것을 사용해 스스로 붕괴하는 웜홀을 터널 내부에서 지탱하려는 것이다. 손이 제안한 타임머신의 제작 단계는 다음과 같이 정리할 수 있다.

1. 미래의 입자가속기를 사용하여 시공간의 거품 웜홀을 1m 규모까지 확대한다.
2. 미래에 발견될지도 모르는 이그조틱한 물질을 사용해서 웜홀을 보강한다.
3. 웜홀의 입구를 가속도를 걸어 흔들어서 시간의 흐름을 느리게 한다.
4. 웜홀을 통과하면 시간이 느려진 정도만큼 과거로 되돌아갈 수 있다.

현재로는 거시적 타임머신을 제작할 가능성은 매우 낮다. 당분간은 SF 영화에서나 기대할 수 있을 것 같다.

## 미래로 가는 방법

**구몬** 과거로 갈 수 있는 타임머신은 그렇다 치고 어떻게 미래로 갈 수 있는 거죠?

**유카와** 미래로 가는 방법이 더 간단하지. 아인슈타인의 이론에 따르면 가속도나 중력이 걸리면 시간은 천천히 흐르지. 예를 들어 우주선에 타고 가속도를 계속 걸어주면 시간은 주위보다 더 느리게 가게 되겠지? 만약 주위가 101년 흐를 때 우주선 속의 시간은 1년밖에 흐르지 않는다면 100년 후의 미래로 가는 것과 마찬가지이지.

**구몬** 자신이 시간의 흐름 속에 정지해 있으면 되나요?

**유카와** 완전히 멈춰 있지는 않지만 시간 속을 천천히 지나게 되지.

**구몬** 그런데 미래에서 다시 자신이 있던 시대로 돌아오려면 어떻게 하면 되지요?

**유카와** 그래서 손의 타임머신이 필요한 거지.

**참고문헌** ブラックホールと時空の歪み: Kip S. Thorne(著), 林一・塚原周信(訳), 白揚社, 1997
Wormholes, Time Machines, and the Weak Energy Condition: Michael S. Morris, Kip S. Thorne and Ulvi Yurtsever, Physical Review Letters 61, 1446(1988)

# 4-8 속도와 시간은 어느 쪽이 보다 더 기본적일까?

이 절에서는 이 책의 가장 큰 논점 중 하나가 등장한다. 그것은 바로 "물리적으로는 시간보다 속도가 더 기본적인 것이다"라는 주장이다.

**공간과 시간은 실제로 없다?**

속도는 '변화'라고 바꾸어 말해도 상관없다. 위치의 변화건 상태의 변화건 모두 같은 개념이다. 우리는 다음과 같은 공식을 잘 알고 있다.

위치(거리) = 속도 × 시간

위치란 공간 안에 있는 위치를 나타내는 것이다. 이 단순한 등식에 등장하는 세 개의 양(변수) 중에서, 어느 것이 물리적으로 기본적인 존재이고, 어느 것이 부차적인 존재일까? 보통은 생각하지 않는 문제이지만, 우주의 본질에 다가간다는 의미에서 어느 것이 '더 기본적인 것'일지 생각해볼 필요가 있다.

이미 살펴본 소립자의 광속 지그재그 운동을 다시 한 번 생각해보자. 물리학의 근원적인 부분까지 거슬러 올라가 보면, '광속'만이 중요하다는 것을 알 수 있다. 소립자가 광속보다 느리게 움직이는 것처럼 보이는 것은 지그재그 운동을 하기 때문이다. 그렇다면 통상적인 공식만으로도 속도가 기본적인 것이고 위치(공간)와 시간은 인간이 속도를 이해하기 위한 개념틀에 지나지 않을 가능성이 있음

**그림 4-10 | 시공간의 상대성**

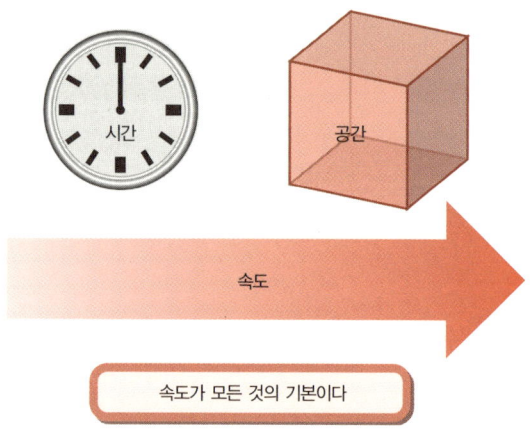

을 알 수 있다. 더 한층 강하게 표현한다면, 속도는 실재하지만 공간과 시간은 실재하지 않을 가능성도 있다(180쪽 이후를 참조).

## 공간과 시간의 상대성

실제로 아인슈타인의 특수상대성이론에서 움직이는 시계가 느려지는 현상과 움직이는 물체가 작아지는 현상은 통상적인 공식에서 관측자마다 위치와 시간이 늘어나고 줄어드는 현상으로 이해할 수 있다. 결국 다음과 같이 관측자에 따라서 위치와 시간의 수치는 달라진다. 자세한 수식은 '시간탐험대'를 참조한다.

관측자 A가 사용한 공식 : 위치 = 속도 × 시간

관측자 B가 사용한 공식 : 위치′ = 속도 × 시간′

달리 말하면 우주에는 관측자의 수만큼(그야말로 무수히 많은) 공간과 시간이 있는 것이다. 이러한 성질을 갖는 물리량을 '실재'한다고 할 수 있을까? 오히려 가상의 개념틀에 지나지 않는다고 생각하는 편이 좋지 않을까?

철학의 세계에서는 변화가 이미 시간의 개념을 포함하고 있다는 논의를 종종 볼 수 있는데, 그와 같은 논의는 적어도 물리학적으로는 의미가 없는 주장이다. 변화를 속도라고 간주하면, 변화에 시간의 개념이 포함될 필요는 없다. 다만 변화를 속도가 아니고 가속도로 간주한다면, 속도와 가속도는 시간이 개입되어 연결되므로 이 경우에는 속도와 가속도 중 어느 쪽이 물리학적으로 더욱 기본적인 것일지를 생각할 필요가 있다.

아인슈타인에 따르면 가속도는 중력과 등가이다. 그래서 우주의 근원에 있어서 중력이 기본적인 역할을 하는 것이라면, 가속도가 속도보다도 기본적인 존재라고 생각할 수도 있다. 이와 같은 논의는 아인슈타인의 일반상대성이론(=중력이론)에 대한 고찰을 필요로 한다.

이렇게 시간의 본질에 대하여 깊이 파고들어 가다 보면 점차 모든 문제가 숨김없이 드러나게 된다. 우리가 시간에 대하여 고찰할 때 어떤 물리 이론에서 이야기하는 시간인지를 명확히 하지 않으면 논의 자체에 의미가 없음을 알 수 있다. 그러나 모든 물리 이론으로 시간의 역할을 논할 수는 없으므로 이 책에서는 중간 과정을 생략하고 단숨에 양자중력이론으로 건너 뛰어서 시간과 공간의 개념을 논하기로 한다.

## 늘어나고 줄어드는 시간과 공간

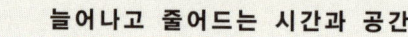

**구몬** 왠지 어려운 수식이 나올 것 같은데요.

**유카와** 관측자 B는 (관측자 A에 대해) 속도 v로 움직이고 있고 그 방향을 x축이라고 하자. 이때 두 관측자 모두 긴 자를 가지고 있는데, 그것이 관측자 A에게는 x축이고 관측자 B에게는 x′축이 되지. 두 사람이 가진 자의 원점 사이의 거리는 속도×시간 = vt가 되지. 그렇다면 x − x′ = vt가 성립하지.

● **관측자 A와 B의 관계**

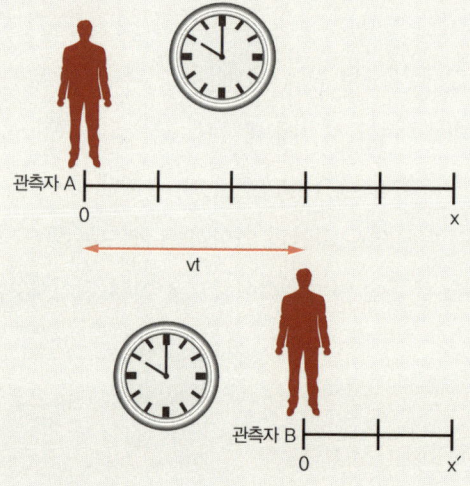

**구몬** x − x′란 두 관측자가 가지고 있는 자의 눈금의 차가 되는 것이죠?

**유카와** 그렇지. 그 식을 변형하면 x = x′ + vt가 되지. 또 같은 식이지만 x′ = x − vt로 쓸 수도 있지. 두 사람 모두 같은 시간을 사용하기 때문에 관측자 B의 시간을 t′라고 하면 t = t′가 되지. 지금까지 나온 식을 갈릴레오 변환이라고 해. 위대한 갈릴레오는 자 눈금의 상대성을 알고 있던 것이지.

**구몬** 아, 상대성이요.

**유카와** 아인슈타인의 상대성이론에서 위의 식은 다음과 같이 바뀌게 돼.

$$x' = \frac{1}{\sqrt{1-\left(\frac{v}{c}\right)^2}}(x-vt)$$

$$ct' = \frac{1}{\sqrt{1-\left(\frac{v}{c}\right)^2}}\left(ct-\frac{v}{c}x\right)$$

**구몬** 어, 갑자기 어려워지네요.

**유카와** 꼭 그런 건 아니야. 처음 식을 루트(√) 부분으로 나눈 것뿐이지. 보통은 광속 c를 1로 두어 다음과 같이 쓰는 경우가 많아.

$$x' = \frac{1}{\sqrt{1-v^2}}(x-vt)$$

$$t' = \frac{1}{\sqrt{1-v^2}}(t-vx)$$

시간의 식은 공간의 식과 형식이 같다는 건 알고 있지?

**구몬** 그렇다면 x와 t를 바꿔 써도 마찬가지이겠네요.

**유카와** 루트 부분은 시간과 공간이 늘어나거나 줄어드는 정도를 나타내지. 시간과 공간이 늘어나거나 줄어들면 누가 보더라도 광속이 일정해지니까 꽤 잘 만들어진 식이지.

**구몬** 갈릴레오 변환의 x = x' + vt는 어떻게 되나요?

**유카와** 두 개의 식을 반대로 x와 t에 관해 풀면 다음과 같게 되지.

$$x = \frac{1}{\sqrt{1-v^2}}(x'+vt')$$

$$t = \frac{1}{\sqrt{1-v^2}}(t'+vx')$$

**구몬** 이 이상은 도무지 모르겠어요.

 # 스핀 네트워크와 공간

마침내 우리는 이 책을 통해 가고자 하는 최종 목적지에 가까이 다가섰다. 이 절에서는 현대물리학의 최전선에 있는 양자중력이론이 '공간'을 어떻게 파악하고 있는지 살펴볼 것이다.

"사실 이 세상에는 공간과 같은 것은 존재하지 않는다"고 주장하는 놀라운 가설이 있다. 그것은 초끈이론과 나란히 '궁극'의 **'양자중력이론'**의 유력후보로 평가되는 이론이다. 이 이론에는 여러 가지 이름이 붙어 있다. 루프 양자중력이론이라는 이름이 가장 대중적이지만, 이 절에서는 **스핀 네트워크 중력이론**이라고 표현할 것이다. 왜냐하면 이 이론의 가장 기초적인 부분에 '스핀 네트워크'라는 개념이 등장하기 때문이다.

### 스핀 네트워크란 무엇인가?

스핀 네트워크란 그 이름처럼 '스핀'으로 된 '네트워크'다. 스핀은 소립자의 특성 중 하나로서 '자전'이라고 생각할 수도 있다. 다만, 현대물리학에서는 소립자가 자전하고 있다고 생각하는 것보다 스핀이라는 추상적인 특성을 통해 소립자가 만들어진다고 생각하는 것이 더 적절하다. 사물이 스핀을 갖고 있는 것이 아니고 스핀에 의해 사물이 출현한다는 개념이다.

미시적인 양자의 특성인 '스핀'은 중력과 밀접한 관계가 있다. 아인슈타인의 중력이론에 따르면 중력은 단지 '시공간이 구부러져 있는 상태'이므로 스핀은 시공간과도 깊은 관련이 있다.

이 개념을 직관적으로 이해하고 싶다면 고대 중국의 지남차(指南車)나 비행기에 탑재돼 있는 자이로스코프(gyroscope)를 머릿속에 떠올리면 된다. 지남차는 2차원 공간의 구부러진 상태를 검출하는 장치이고, 자이로스코프는 3차원 공간의 구부러진 상태를 검출하는 장치로 간주할 수 있다.

## 공간의 구부러진 정도를 검출하는 장치로 사용되는 '지남차'

지남차는 그림 4-11과 같은 모양을 하고 있다. 출발점에서 기계장치 인형이 정남쪽을 가리키고 있으면, 지남차가 움직이면서 오른쪽이나 왼쪽으로 돌거나 비스듬하게 진행하더라도 인형은 항상 정남쪽을 계속 가리킨다. 이 장치의 원리는 알고 보면 간단하다.

지남차가 오른쪽으로 돌면 왼쪽(바깥쪽) 바퀴가 오른쪽(안쪽) 바퀴보다 더 많이

그림 4-11 | 지남차

돌게 된다. 그 회전 차이를 기어와 같은 기계장치를 이용하여 인형에 전달하면 인형은 회전 차이를 상쇄하도록 방향을 조정한다. 이렇게 하여 지남차가 오른쪽으로 꺾은 후에도 인형은 계속하여 정남쪽을 가리킬 수 있게 된다.

하지만 이 지남차에는 치명적인 결함이 있었다. 도중에 울퉁불퉁한 길을 만나서 바깥쪽이나 안쪽 바퀴가 제대로 돌지 못하면 평지에서와는 다른 회전 차이가 생기게 된다. 이런 상황에서는 방향 조정이 과도하거나 부족해져 인형은 더 이상 정남쪽을 가리킬 수 없게 되어 버린다.

하지만 방향지시 장치로서는 무용지물인 지남차에는 다른 특별한 용도가 있다. 지남차가 출발점에 되돌아왔을 때 인형이 정남쪽을 가리키고 있지 않다면 '도중에 울퉁불퉁한 길이 있었다'는 것을 알 수 있다. 즉 지남차는 **'2차원 공간의 구부러진 상태를 검출하는 장치'** 로 사용할 수 있는 것이다.

## 힌트는 지구팽이

지남차의 바퀴는 공중에 떠 있으면 돌아가지 않기 때문에 지남차를 3차원 공간에 적용할 수는 없다. 하지만 3차원에도 '지남차'와 같은 역할을 하는 역학적인 장치가 있다. 비행기와 우주선에 탑재된 자이로스코프가 바로 그것이다. 자이로스코프를 간단히 말하면 **'공중에 떠 있는 팽이'** 라고 할 수 있다. 아이들에게 친숙한 장난감인 지구팽이도 이와 유사한 장치다.

'회전의 힘과 방향은 (외부에서 회전력이 걸리지 않는 한) 일정하게 유지된다'는 '각운동량 보존법칙'에 따라 자이로스코프는 3차원 공간 안에서 항상 일정한 방향을 지속적으로 유지한다. 지남차의 3차원 버전이라고 할 수 있다. (지구의 축이 항상 같은 방향을 유지하고 있는 것도 지구의 자전에 의한 자이로 효과 때문이다.)

하지만 3차원 공간이 구부러져 있다면, 지남차와 마찬가지로 자이로스코프 축의 방향은 어떤 방향으로 치우쳐버린다. 그 치우침을 측정하면 공간의 구부러진 상태를 검출할 수 있다. 그래서 자이로스코프는 3차원의 구부러진 상태, 달리 말하면 **중력 검출 장치**로 사용할 수 있다.

▬ **그림 4-12** | 지구팽이

## 양자 수준의 자이로스코프 = 소립자의 스핀

자이로스코프의 크기를 점점 줄여서 양자 세계에서 사용할 수 있을 정도로 작게 만들 수 있다면 어떤 일이 벌어질까? 미시적인 양자 세계에서 자이로스코프와 같은 역할을 하는 것이 바로 '스핀'이다. 스핀이라는 소립자의 기본 특성을 이용하면 양자 수준의 중력, 즉 '양자 중력'을 검출할 수 있다. 스핀이 공간의 여기저기를 움직인 후 원래의 위치로 되돌아왔을 때, 스핀 축의 방향이 처음과 비교하여 치우쳐 있다면 스핀이 움직인 경로의 어떤 부분에서 공간이 구부러져 있었다(=중력이 있었다)는 뜻이 된다.

물론 스핀을 단순히 아주 작은 팽이로만 간주할 수는 없다. 스핀의 특성은 양자 세계 특유의 불확정성이 지배하므로 실제로는 매우 복잡한 현상이지만, 그렇다고 하더라도 스핀을 통해 양자 중력을 검출할 수 있다는 주장은 그대로 유효하다.

스핀 한 개가 여기저기로 움직이는 것보다 많은 스핀이 동시에 움직인다면 더

▬ 그림 4-13 | 스핀

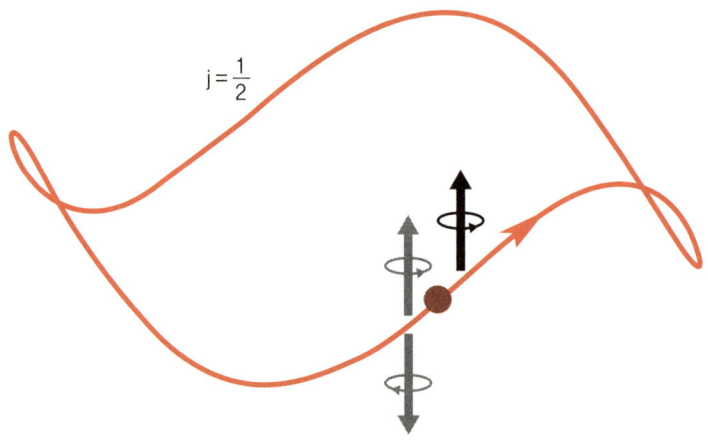

▬ 그림 4-14 | 스핀 네트워크의 개념도 1

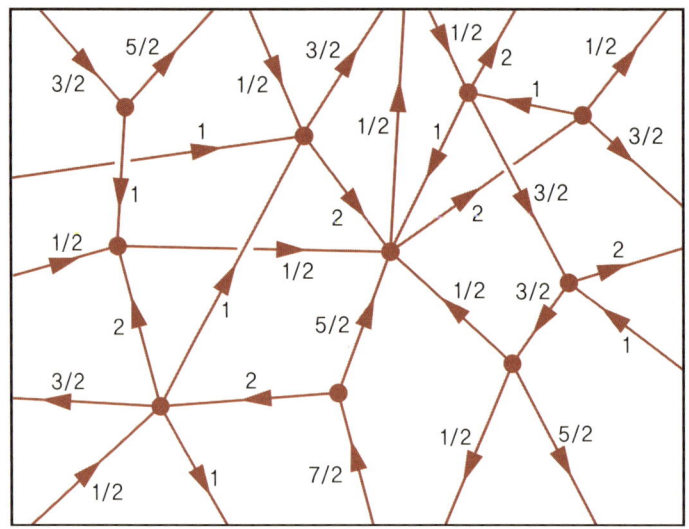

욱 효율적으로 공간의 구부러진 상태를 검출할 수 있을 것이다. 따라서 다수의 스핀이 동시에 네트워크 위를 움직이고 있는 '장치'를 상상할 수 있는데, 그것이 바로 이 절의 주제인 '스핀 네트워크'이다.

그림에서 1/2의 배수로 되어 있는 수치는 스핀의 크기를 나타낸다. 스핀은 양자적인 특성이 있기 때문에 스핀의 크기도 디지털 수치로만 표현된다. 스핀이 여러 경로를 따라 흐르고 있다고 가정하여 화살표를 그려 넣어 보면 (예를 들면 1 + 1/2 = 3/2이라는 형태로) 스핀 네트워크의 이음매 부분에서 스핀의 값이 '쌓고 있다'는 것을 알 수 있다.

## 스핀 네트워크는 공간의 기초

이 '양자중력 검출장치'인 스핀 네트워크를 통해 우리에게 매우 친숙한 '공간'이 도출된다. 스핀의 경로를 직각으로 자른 면을 상상해보자. 그러한 면들이 모여서 서로 부딪히면 공간이 형성되는 것을 쉽게 이해할 수 있을 것이다. 이때 스핀의 값은 각 면의 '면적'에 해당하고, 스핀 네트워크 이음매에서 들어오고 나간 스핀 값의 차이는 '체적'에 해당한다.

스핀 네트워크의 특성이 면적과 체적의 관계로 설명될 수 있다고 하더라도 스핀 네트워크가 공간 안에 존재한다는 의미는 아니다. 직관적으로 이해하기는 매우 어렵지만 면적과 체적이라는 공간의 개념이 수학적으로는 스핀 네트워크와 같다. 하지만 스핀 네트워크 자체는 공간 안에 존재하는 것이 아니고, 단지 스핀들 사이의 관계에 지나지 않는다.

양자의 특성을 가진 스핀이 모든 것의 '기본'이라는 생각은 우리의 사고가 비약적으로 전환할 수 있게 해준다. 지금까지 우리는 '처음에 먼저 공간이 있었다'라는 사고 패턴에 얽매어 있었기 때문에 우주도 삼라만상도 공간이라는 이름의 눈에 보이지 않는 '그릇' 안에 있다고만 생각했다. 하지만 만일 스핀이 공간보다 더 기본적인 것이라고 가정한다면, 즉 '처음에 먼저 스핀 네트워크가 있었다'고 생각한다면, 공간은 그 원초적인 스핀 네트워크에서 부차적으로 도출된

▬ 그림 4-15 | 스핀 네트워크의 개념도 2

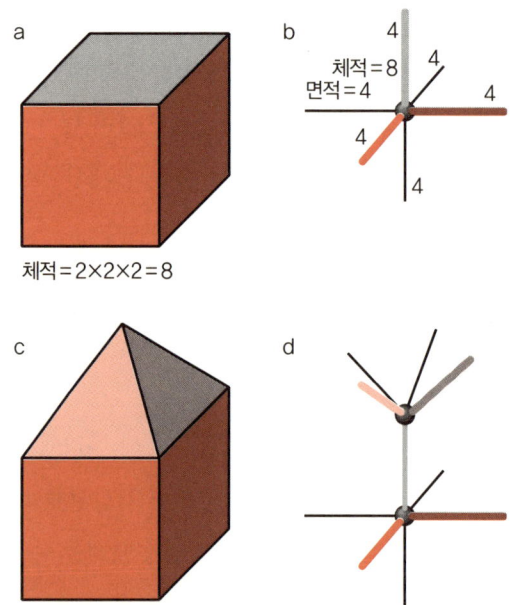

개념에 지나지 않게 되는 것이다.

앞에서 우리는 소립자가 광속으로 지그재그 운동을 하고 있다는 것을 알았다. 이를 통해 스핀도 스핀 네트워크 위를 광속으로 움직인다는 것을 유추할 수 있다. 스핀과 광속. 이 두 가지야말로 삼라만상의 기본인 것이다. 공간과 시간도 스핀과 광속으로부터 도출된다.

덧붙여 말하면, 광속 운동을 하는 스핀으로부터 물리 세계를 구축하려는 시도에는 펜로즈가 주장하는 '트위스터' 이론도 있다. 트위스터는 우주의 근원에 있는 원초적인 스핀으로 항상 광속으로 움직이고 있다. 사실 스핀 네트워크로부터 공간을 도출할 수 있다는 것을 맨 처음 생각해낸 사람은 펜로즈였다. 하지만 펜로즈는 트위스터라는 독자적인 이론을 추구하면서 현재의 스핀 네트워크 중력과는 다른 방향으로 나아가게 되었다.

**참고문헌** 時空の原子を追うループ量子重力理論: Lee Smolin(著), 日経サイエンス 2004년 4월호에 수록

 # 스핀 네트워크와 시간

이제 우리는 우주의 실상이 스핀 네트워크일지도 모른다는 생각에까지 도달하였다.
하지만 결론을 내리기는 아직 이르다.
사실은 한층 더 높은 단계가 있는데, 그것은 바로 '스핀폼'이다.

스핀 네트워크가 양자역학 및 공간의 기초가 되는 것은 알았지만, 시간과의 관계에 대해서는 아직 이야기하지 않았다. 사실은 시간도 공간과 마찬가지로 부차적으로 도출될 수 있다. 다만 스핀 네트워크를 확장한 '스핀폼(spin foam, 스핀의 거품)'이라는 것부터 먼저 알아야 한다.

### 스핀폼의 단면은 스핀 네트워크

많은 수의 종이를 꺾어서 서로 붙인 것 같은 모양이 스핀폼이다. 그것을 잘랐을 때 나오는 단면이 바로 스핀 네트워크가 된다. (정말로 칼로 싹둑 자른 이미지이다.) 삼라만상의 근원에는 스핀폼이 있다. 스핀 네트워크는 스핀폼의 단면이다. 여러 개의 단면이 연속되는 것이 '시간'이고, 단면인 스핀 네트워크에서 '공간'이 출현한다.

스핀 네트워크 중력이론에서는 스핀폼이야말로 우주의 궁극적인 존재인 것이다. 스핀폼은 수학으로 말하면 공리, 법률로 말하면 헌법과 같은 것이다. 이 세계는 스핀폼을 통해 부차적으로 도출된다. 스핀 네트워크 중력은 초끈이론과 함

**그림 4-16** | 스핀폼과 스핀 네트워크

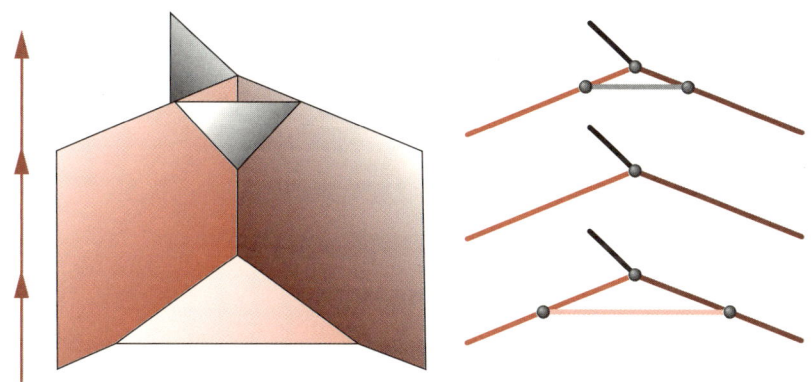

께 물리학의 '궁극 이론'으로 불린다. 궁극 이론은 '삼라만상의 근원을 밝히고자 하는 것이 중심 사상'으로 자리 잡고 있다.

지금 현재 많은 물리학자들이 초끈이론 또는 스핀 네트워크 중력이 올바른 궁극 이론이라고 믿고 있지만, 둘 중 어느 쪽이 최종 승자가 될지는 아직도 알 수 없다. 또 향후 두 이론 중 어느 한 쪽만이 맞다는 양자 선택의 문제가 아니라 초끈이론과 스핀 네트워크 중력이 서로의 결점을 보완하면서 발전해갈 가능성도 있다.

참고문헌 · URL Quantum Gravity: Carlo Rovelli(Cambridge University Press)
http://www.einstein-online.info/en/spotlights/spin_networks/index.html

## 시간의 덧없음

**구몬** 궁극 이론이라는 스핀 네트워크 이론에 이르러 드디어 시간의 실체가 밝혀지나 싶었는데 스핀의 거품이라니요, 왠지 속은 기분이 드는데요.

**주몬지** 저도 같은 느낌입니다.

**레제** 마지막 토론이지만 저도 마찬가지입니다.

**에르빈** 야옹

**유카와** 그럴지도 모르지. 공간에 관해서라면 공간이 없는, 단순한 연결에서 우리가 아는 공간 개념이 도출되었지만, 시간에 관해서는 좀 미묘하지.

**구몬** 스핀의 거품도 하나의 연결 방식이니까 거기에서 우리가 아는 시간 개념이 나온 거라는 말씀이군요.

**유카와** 사실 그런 해답은 아직도 의문의 여지가 있지만 어쩌면 그것이 의외로 시간의 본질에 가까울 수도 있지.

**구몬** 무슨 말씀이죠?

**유카와** 앞에 나온 그림인데, 소립자의 운동을 나타내는 시공간도를 기억하고 있나?

**구몬** 세로축은 시간, 가로축은 공간이고 화살표로 나타낸 그림 말씀이죠?(128쪽 참조)

**유카와** 그래. 그 시공간에서도 실제로 존재하는 것은 소립자의 운동, 즉 속도인데 그것을 주위에서 틀로 둘러싸서 시간과 공간이라는 틀 속에서 운동을 이해하려고 했던 것이지.

**레제** 그 시점에서 시간과 공간의 가상성을 알아챘어야 한다는 말씀이죠?

**구몬** 가상성이라니?

**주몬지** 꿈이나 환상 같은 느낌 아닐까?

**유카와** 그렇게 생각해도 되겠지. 스핀의 거품에서 시간이 도출되는 과정 역시 원래부터 일차적인 존재물이 아니었던 시간의 덧없음을 상징하는 것이라는 생각이 드는군.

## 4-11 시간론 요약

마지막으로 이 책을 통하여 살펴본 시간론을 요약해보자. 시간의 화살이나 차원과 같은 이해하기 어려운 개념에 대해서도 어느 정도 납득할 수 있는 결론에 도달했다. 속도 또는 가속도가 시간보다 더 근원적이라는 것도 알 수 있었다.

수많은 철학자와 과학자들이 오랜 시간에 걸쳐 시간에 대하여 연구해왔지만, 아직까지 시간의 본질을 완전히 해명한 사람은 없다. 이 책에서 다룬 내용들도 독자 스스로가 시간의 본질에 접근할 수 있도록 도와주는 '힌트'일 뿐이다. 마지막으로 이 책에 등장한 다양한 화두에 대하여 주요한 논점만 정리해보자.

### 시간의 화살

#### 1. 심리학적 시간

모든 사람이 공통적으로 느끼는 시간의 방향은 어떻게 정해진 것일까? 인간의 뇌를 컴퓨터 메모리에 비유하면 심리학적인 시간을 물리학적으로 파악할 수 있는 힌트를 얻을 수 있다. 컴퓨터 메모리의 발열현상을 통해 유추할 수 있듯이 심리학적인 시간은 열역학적인 시간의 문제로 환원될 수 있다.

#### 2. 열역학적 시간

열역학적인 시간은 엔트로피 증가의 법칙으로 결정된다. 이 세계는 그대로 두면 점점 더 무질서해질 뿐이며 시간도 엔트로피가 증가하는 방향으로 흐른다.

### 3. 우주론적 시간

왜 현실의 우주 시간, 즉 지금 현재 우리가 물리법칙으로 체험하고 있는 시간은 열역학적인 시간과 같은 방향인가? 파인만, 펜로즈, 호킹과 같은 물리학자들은 우주의 초기 조건에서 이에 대한 대답을 찾아냈다. 우주의 시작이 매우 질서 있는 상태(=엔트로피가 낮은 상태)였기 때문에, 그 이후는 점점 질서가 깨지면서 엔트로피가 높은 상태로 이동할 수밖에 없다는 것이다.

### 4. 타임머신의 가능성

미래로 가고 싶다면 타임머신을 타고 가속도를 계속 걸어주면 된다. 아인슈타인의 상대성이론에 따르면 타임머신의 시간은 주위보다 느려진다. 마치 냉동 수면과 같은 것이다. 당신이 타임머신에서 나왔을 때 외부에 있던 사람들은 당신보다 더 나이를 먹었을 것이다. 이렇게 미래로 '가는' 것은 의외로 간단하다.

그에 비해 과거로 돌아가는 것은 매우 어렵다. 지금 현재 물리학적으로 가장 건실한 타임머신 이론은 웜홀을 이용한 손의 타임머신이다. 웜홀 입구에 가속도를 걸어서 시간이 늦게 가도록 해둔 다음, 그 안으로 날아 들어가면 과거로 돌아갈 수 있다.

하지만 인류는 아직 웜홀을 발견한 적이 없고 설령 발견했다고 해도 웜홀 터널이 스스로 무너져버리지 않도록 이그조틱한 물질로 보강해야만 한다. 이를 가능하게 하는 이그조틱한 물질이 우주에 존재할지 어떨지도 아직은 알 수 없다. 타임머신의 실용화는 끝이 보이지 않는 길고 험난한 과정일 것으로 예측된다.

## 시간의 모양

### 1. 경계조건

시간은 끝을 알 수 없는 직선 또는 반직선 모양, 유한한 크기를 갖는 선분 모양, 둥근 고리 모양, 수없이 많은 가지를 친 모양 등을 하고 있을 가능성이 있다. 하지만 어느 것이 실재 시간의 모양일지는 알 수 없다. 빅뱅 우주론에서 말하는 시간은 시작점이 있기 때문에 반직선 모양이나 선분 모양을 하고 있을 가능성이 있다. 현재는 빅뱅 전에 양자 상태의 우주가 존재했다고 생각되고 있다. 이러한 양자역학의 세계관에서는 시간이 수없이 많은 가지를 친 모양을 하고 있다. 또 어떤 물리 이론에서는 둥근 고리 모양의 시간을 경계조건으로 사용하기도 하지만, 우주 전체의 시간을 둥근 고리 모양으로 해석할 수는 없다.

### 2. 차원(테그마크, 초끈)

시간의 차원에 관한 여러 가지 이론이 존재하지만 시간은 1차원일 가능성이 높다. 그보다는 시간이 1차원이면 많은 물리이론이 잘 들어맞는다고 하는 편이 좋을지도 모르겠다. 테그마크의 분석에 따르면 시간이 2차원 이상이라면 여러 가지 곤란한 문제들이 생긴다. 가령 시간이 2차원 이상인 우주가 존재한다고 해도 거기에서는 우리와 같은 생명체가 존재할 수 없을 것이다. 반대로 말하면, 우리가 안정하게 존재하고 있는 것을 통해 이 우주의 시간은 틀림없이 1차원일 것이라고 추측할 수 있다.

## 시간의 종류 – 시간의 허와 실

물리학에서 시간을 허수로 하여 계산하는 방법은 호킹 이전에도 존재했지만, 우주의 시작 시간에 허수를 적용하여 초기 우주를 논했던 사람은 호킹이 처음이었다. 하지만 호킹은 초기 우주의 시간이 정말로 허수였을지 실수였을지에 대한 문제에는 관심이 없었다. 호킹은 계산만 잘 맞는다면 허수 시간과 실수 시간의 차이는 단순히 보는 방법의 차이, 즉 편의상의 문제에 지나지 않는다는 입장을 취했다. 호킹이 시간을 허수로 취급한 것은 일종의 계산 기교였다고 볼 수 있다. 그렇다면 시간이 허수일지 실수일지 하는 문제는 시간의 본질과는 관계없는 질문일지도 모른다.

### 시간, 공간 그리고 광속

시간의 본질에 다가가기 위한 하나의 코스가 속도, 특히 '광속'의 중요성에 주목하는 것이다. 시간과 공간은 '속도 = 공간(거리) ÷ 시간'이라는 단순명쾌한 공식으로 결합되어 있다. 통상적으로는 시간과 공간이 근본적인 것이고 속도는 계산에 의해 도출된다고 생각하기 십상이다. 하지만 아인슈타인의 상대성이론에서는 광속이 결정적인 역할을 하고, 전자의 거동을 기술하는 디랙방정식을 분석하면 전자조차도 광속 지그재그 운동을 하고 있는 것을 알 수 있다. 또 펜로즈는 소립자의 기본 특성인 '스핀'이 광속으로 움직이고 있는 상태가 우주의 근원이라고 생각했다.

속도, 특히 광속이야말로 우주의 실상이고, 시간과 공간은 광속을 기술하기 위하여 부차적으로 나온 개념일지도 모른다. 정말 그렇다면 시간과 공간은 일종의 환상이라고도 말할 수 있다.

### 시간은 왜 보이지 않을까?

#### 1. 생물인 인간의 눈에 보이지 않는 이유(망막, 뇌)

인간의 망막은 2차원의 평면구조를 가지고 있는데도 우리는 어떻게 3차원인 공간을 인식할 수 있는 것일까? 그것은 망막이라는 평판 필름에 인화된 정보를 인간의 뇌가 분석해서 3차원의 깊이를 갖는 세계로 '재구성'하기 때문이다. 인간의 뇌는 시간의 흐름을 느낄 수는 있지만 '시간이 눈에 보이도록 퍼져 나가는 모양'으로 재구성하는 능력은 부족하다.

### 2. 실은 공간조차도 순수하게는 보이지 않는다는 설(속도가 근본)

애당초 시간을 공간의 도움 없이 측정할 수는 없다. 모든 시계는 공간 안의 반복 운동을 이용하고 있다. 결국 움직임을 측정하고 있는 것이다. 마찬가지로 공간도 시간의 도움 없이 측정할 수 없다. 모든 물리적인 측정은 시간을 필요로 하기 때문이다. 결국, 시간과 공간은 서로 분리할 수 없다. 이것이 바로 아인슈타인이 말하는 4차원 시공간 연속체의 본질이다. 시간과 공간이라는 개념은 정면에서 바라본 사람의 얼굴과 옆얼굴의 관계와 같이 따로 떼어 분리할 수 없다.

그렇다면 시간이 보이지 않는다는 말은 공간도 단순하게는 보이지 않는다는 의미이다. 결국 우리는 '시공간'을 보고 있다. 더욱더 정확히 말하면 세계의 실상인 '가속도 = 움직임'을 시공간을 통해서 보고 있다.

인간의 눈과 뇌는 '본다'라는 감각만으로는 4차원 시공간 전체를 파악할 수 없다. 하지만 우리의 뇌는 훈련에 의해 4차원 시공간의 존재를 인식할 수 있다. 그렇다면 물리학자와 수학자는 4차원 시공간을 '볼 수 있는' 사람들이라고 말할 수도 있겠다. 미래에 타임머신을 개발해 타임 터널을 지나간다고 상상해보자. 그때 타임 터널을 들여다본다면 시간이 퍼져가는 모양을 눈으로 직접 볼 수 있을지도 모른다.


## 시간의 실재

### 1. 칸트의 '형식'

철학자 칸트의 날카로운 분석은 현대물리학의 세계에서도 훌륭하게 통용된다. 시간도 공간도 물리적으로 실재하는 것이 아니고 인간의 뇌가 세계를 인식하기 위하여 필요한 '형식'에 지나지 않는다는 것이 칸트의 분석이다.

### 2. 스핀폼

호킹이 허수 시간과 실수 시간을 적절하게 골라서 사용한 것과 같이, 세계를 인식하는 경우에도 '시공간'이라는 절단면을 이용할 수도 있고 '스핀폼'(스핀거품)이라는 절단면을 사용해도 상관없다. 미시적인 세계에서는 물체의 딱딱함이나 색과 같은 감각적인 특성은 사라진다. 전자는 색이나 딱딱함으로는 표현할 수 없다. 더 나아가서 플랑크 길이와 플랑크 시간을 근간으로 하는 초마이크로 세계에서는 시공간마저도 사라질 가능성이 있다. 초마이크로 세계에서는 그림 4-17과 같은 스핀폼의 세계가 펼쳐져 있다.

스핀폼을 칼로 자르듯이 잘랐을 때 나타나는 절단면이 스핀 네트워크가 된다. 이러한 절단면의 연속이 시간으로 인식되고, 개개의 절단면에서 부차적으로 공간이 출현한다. 이와 같은 스핀 네트워크 중력이론이 옳은 것이라면 시간의 시작은 매우 이상한 것이 된다. 보조발트에 따르면, 우주 시간을 계속 거슬러 올라가면 0을 지나 음(-)의 시간에까지도 도달할 수 있다고 한다.

우주의 팽창을 풍선이 부푸는 것과 같다고 상상해보자. 부풀린 풍선 안의 공기를 빨아들여 우주 시간을 과거로 되돌린다고 가정할 때, 시간 0에서 납작해진 풍

**그림 4-17** | 스핀폼의 세계

선은 더욱더 시간을 거슬러 올라가면 '뒤집힌 상태'가 될 것이다. 풍선의 겉과 속이 역전되는 것이다. 이와 같이 시간이 시작되기 전에는 뒤집힌 상태의 우주가 존재하고 있었을 가능성이 있다. 그러나 현재 팽창을 지속하고 있는 우주의 미래가 어떻게 될지는 아직 자세히 알려져 있지 않다.

**에필로그**

# 시간탐험대의 성공

"그러니까 결국 시간이란 환영에 불과하다는 말인가요?"
조금 긴장한 얼굴로 구몬이 물었다.
"그렇다고 할 수 있지."
유카와 박사가 말씀하셨다.
"우리가 그 환영을 통해 이 세계를 보고 있다는 거군."
레제가 확인하듯 말하자 유카와 박사도 말없이 고개를 끄덕였다.
"고르곤졸라 박사는 우리를 시간의 함정에 빠트렸지만 그곳에는 레제의 컴퓨터도 있고 에르빈이 지나간 시간의 지름길도 있어요."
주몬지가 상황을 정리해 말했다.
"고르곤졸라 박사는 우리의 의식이랄까, 우리의 기억도 리셋했지."
레제가 지적했다. 모두들 고개를 끄덕였다.
"상대는 여간 치밀한 게 아니야. 그는 어떤 방법을 써서 우리의 심리학적 시간, 즉 열역학적 시간마저 되돌려놓았어. 하지만 중요한 것은 그 원리를 밝혀내는 것이 아니라 이 '시간의 순환'에서 빠져나갈 수 있는 구체적인 방법을 찾는 것이지."
그러자 모두의 시선이 일제히 에르빈을 향했다. 그걸 아는지 모르는지 에르빈은 레제의 무릎에서 내려와 유유히 자신의 자리로 향했다. 그곳에는 레제의 컴퓨터가 놓여 있고 에르빈은 어댑터를 베게 삼아 잠들어버렸다.

"유레카!"

유카와 박사는 손가락을 마주쳐 딱 소리를 냈다. 시간탐험대 단원들은 모두 숨소리도 내지 않고 대장의 답을 기다렸다. 드디어 유카와 박사가 입을 열었다.

"우리 주위가 '시간의 순환'에 빠져 있다는 것은 손의 타임머신에 의해 정기적으로 과거로 되돌아가기 때문일 거야. 시간탐험대 본부가 있는 이 빌딩 자체가 바로 타임머신이라는 이야기지. 그런데 레제의 컴퓨터와 에르빈은 타임머신을 타지 않고 구멍을 지나갔다는 이야기인데 그건 도대체 어떻게 된 일이지?"

그때 갑자기 레제가 눈에 빛을 내며 말했다.

"양자의 불확정성 때문인가요?"

무슨 뜻인지 모르는 구몬과 주몬지는 여전히 멍한 얼굴을 하고 있다. 유카와 박사는 천천히 고개를 끄덕이며 말했다.

"그렇지. 에르빈은 양자 중첩 상태에 있는 슈뢰딩거의 고양이이고 이 컴퓨터 내부는 양자 컴퓨터의 시작품인 거지. 이 두 가지의 공통점은 바로 양자라는 데 있지. 그 양자의 불확정성 때문에 에르빈과 컴퓨터만 타임머신으로 시간을 순환

하지 않아도 되는 것이지. 레제의 몸에 일어난 이상한 일도 레제가 그 컴퓨터를 다루고 있었기 때문이지."

구몬과 주몬지는 잠시 생각하다 그제야 상황을 이해한 듯 고개를 끄덕였다.

"좀 무리가 있는 추측이지만 어쨌든 이치에 맞기는 하군요."

구몬은 싱긋 웃으면서 말했다.

"저도 그렇게 생각해요. 다만 에르빈과 컴퓨터가 양자적 행동을 하는 것이 복선이었다는 점은 옥에 티지만 이런 경우에는 어쩔 수 없겠죠."

주몬지는 팔짱을 낀 채 웃으며 말했다.

"자, 우리도 이제 '시간의 함정'에서 탈출해볼까."

유카와 박사는 에르빈을 안으면서 말했다.

"모두 에르빈의 수염을 뽑아보렴."

당돌한 결말이지만, 에르빈과 접속함으로써 시간탐험대는 무사히 고르곤졸라 박사의 타임머신에서 탈출하는 데 성공했다. 그러나 이 책의 세계는 타임머신 내부에 있기 때문에 그 이후 시간탐험대 대원들이 일반적인 시간의 흐름 속에서 어떻게 되었는지는 알 길이 없다. 물론 그들의 숙적 고르곤졸라 박사의 정체도 여전히 밝혀지지 않고 있다.

<small>그 밖의 참고문헌 時間: 滝浦靜雄(著), 岩波書店, 1976
時間のパラドックス: 中村秀吉(著), 中央公論新社, 1980
なぜ私たちは過去へ行けないのか: 加地大介(著), 哲學書房, 2003
時間の論理: 杉原丈夫(著), 早稻田大學出版部, 1974
時間の物理學 – その非対称性: Paul C. W. Davis(著), 戶田盛和・田中裕(訳), 培風館, 1979</small>

**마치는 글**

# 시간론에 관한 '현대과학의 최전선'

　시간론에 관한 책은 철학적인 논쟁을 소개하거나 시계나 시간의 측정 방법 등을 그림으로 자세히 표현한 내용이 많다. 그래서 이 책은 관점을 달리하여 '현대과학의 최전선'이라는 견지에서 시간의 실체를 분석하고자 했다. 이런 점에서 지금까지 알려진 '일반적인 시간론'과는 차이가 많을 것이다.

　다만 시간은 원래부터 공간과는 다른 것이므로 공간적인 그림으로 표현하기는 역시 어려웠다. 그 때문에 그림을 고르는 데 무척 애를 먹었다. 어쨌든 물리적인 시간을 '실재하는 어떤 것'으로 생각하는 데서 모든 오해가 비롯된다는 것은 거의 증명된 셈이다. 이 책에서 소개한 철학적이며 물리학적인 논쟁도 그 사실을 뒷받침한다. 독자들에게 이 같은 점만 전달되었더라도 이 책을 쓴 의의는 충분하다.

　마지막으로 한 가지 미안한 마음을 전하고자 한다. 출판 일정을 제대로 파악하지 못하고 원고를 늦게 드린 탓에 교정을 맡으신 분께 폐를 끼쳤다. 부끄럽지만 시간의 중요성을 새삼 재확인하는 기회가 되었다.

2006년 이른 봄
랜드마크 타워가 보이는 미나토요코하마에서

**다케우치 가오루**

# 색 인

## ㄱ

가상 입자　135
가속도　195
각운동량　134
각운동량 보존법칙　182
갈릴레오 변환　178
감성 형식　66
경계조건　167
경주로 패러독스　55
공간 양자　61
공중을 나는 화살의 패러독스　54
광속　43, 107, 110, 112, 175
광자　38, 106, 110
그레고리력　26
그레고리우스 13세　27
기계식 시계　35

## ㄴ

나노초　37
네겐트로피　114
네커의 정육면체　79
뉴턴　86
뉴턴역학　86

## ㄷ

다세계 해석　163
대규모 구조　103
대소력　29
도널드슨　161
디랙방정식　129, 194
디랙 상수　134

## ㄹ

로렌츠 변환　95
루프 양자중력이론　180

## ㅁ

마이크로초　37
맥스웰　123
맥스웰의 악마　121
무경계 가설　140
무한소　53
물리학적 시간　69
미분　160
민코프스키　95
밀리초　37

바슐라르 49
베넷 124
베르그송 49, 68
베이컨 27
보조발트 57, 196
분석판단 63
분할의 패러독스 51
불확정성 132, 151, 164
불확정성원리 132
브라운 운동 110
블랙홀 126, 136, 166
비트 114

ㅅ

삼각함수 148
상대성이론 95, 106
상대시간 91
상호주관성 98
생의 비약 68
소립자 103, 112, 134
소티스 22
속도 43, 175
손 170
수직선 161
『순수이성 비판』 62
순수지속 68

스케일 법칙 71
스튀켈베르크 129
스핀 60, 134, 180
스핀 네트워크 180
스핀 네트워크 중력이론 180
스핀의 거품 188
스핀폼 188
시각의 반응속도 76
시간 성분 99, 101, 156
시간 양자 61
시간의 화살 116, 136, 140, 191
시공간도 94
시공간의 거품 172
시리우스력 21
시아노박테리아 38
실수 시간 141
심리학적 시간 69
심리학적인 시간의 화살 137

아기우주 164
아리스토텔레스 53
아우구스티누스 48
아인슈타인 49, 176
아킬레스와 거북이의 경주 패러독스 53
아토초 37
아포스테리오리 64
아프리오리 110, 128

양자 110, 128
양자역학 134, 143
양자중력이론 177, 180
양전자 129
에너지 99, 121
에너지보존법칙 135
에임스의 방 44
엔트로피 114, 136, 146
엔트로피 증가의 법칙 115, 140
연금술 89
연산자 135
열 124
열에너지 121, 122
열역학 제2법칙 115
열역학적 시간 136
열역학적인 시간의 화살 136
열적 죽음 119
오일러의 공식 148
와타나베 사토시 117
용두 35
우주론적 시간 192
우주론적 시간의 화살 138
우주 상수 138
우주 시간 125
우주의 팽창 138
운동량 99
운동에너지 99
웜홀 83, 171
유한온도장 이론 167
율리우스력 26
음속 75, 77
이그조틱 160
이그조틱한 물질 173
이집트력(시리우스력) 21
인간원리 159
일반상대성이론 177
입자가속기 171, 173

## ㅈ

자이로스코프 181
『자연철학의 수학적 원리』 87, 90
전자 110, 129
전자장 161
절대시간 87
정지에너지 101
제논 49
제논의 패러독스 51, 59
종합판단 63
주기적 경계조건 167
줄(J) 134
중력 134
중첩 원리 132
지구팽이 182
지남차 181
지수함수 148
진공 에너지 178
질량 60, 110

## ㅊ

『창조적 진화』 68
청각의 반응속도 76
초끈 151
초끈이론 150

## ㅋ

칸트 49, 63, 195
칼로리 115
캘빈 119
케플러 86
코페르니쿠스적 전환 62
콘택트 171
쿼츠 시계 36

## ㅌ

타임머신  128, 170
타키온  158
탈진기  36
태양력  18
태음력  18
테그마크  157, 193
트위스터  186
특수상대성이론  151
특이점  143
특이점 정리  142

## ㅍ

파인만  117
파인만 다이어그램  128
펜로즈  117, 186
펨토초  37
평행우주  164
푀펠  74
프리고진  117
『프린키피아』  88
플랑크 길이  103
플랑크상수  134
플랑크 시간  103
피코초  37
피타고라스 정리  96, 141

## ㅎ

하이젠베르크  132
허수  144
허수 시간  141
『형이상학 서설』  62
헤르츠  36
호킹  117, 136, 141, 164

휠러  131
휴 에버렛 3세  163

## 숫자

0  23, 112
1차원  32
2차원  42
3차원  33, 41
4차원  93, 161
4차원 시공간  49, 101, 155, 195
10차원  150, 153, 157
11차원  150, 153, 155
12차원  153

**옮긴이 _ 박정용**

경기과학고등학교를 졸업하고 KAIST에서 재료공학 전공으로 학사, 석사, 박사학위를 받았다.
일본 교토대학교 재료공학과에서 연구원으로 활동했으며,
현재 한국원자력연구원에서 원자로와 핵연료의 재료를 연구하고 있다.

한 권으로 충분한
# 시간론

초판 1쇄 인쇄 │ 2011년 5월 03일
초판 2쇄 발행 │ 2015년 2월 27일

지은이 │ 다케우치 가오루
옮긴이 │ 박정용
펴낸이 │ 강효림

편　집 │ 이남훈 · 김자영 · 곽도경
디자인 │ 조경진
마케팅 │ 김용우

종　이 │ 화인페이퍼
인　쇄 │ 한영문화사

펴낸곳 │ 도서출판 전나무숲 檜林
출판등록 │ 1994년 7월 15일 · 제10-1008호
주　소 │ 121-230 서울시 마포구 방울내로 75 2층
전　화 │ 02-322-7128
팩　스 │ 02-325-0944
홈페이지 │ www.firforest.co.kr
이메일 │ forest@firforest.co.kr

ISBN │ 978-89-91373-91-4 (04400)
　　　　978-89-91373-81-5 (세트)

* 값은 뒷표지에 있습니다.
* 이 책에 실린 글과 사진의 무단 전재와 무단 복제를 금합니다.
* 잘못된 책은 구입하신 서점에서 바꿔드립니다.

## 전나무숲 건강편지를
## 매일 아침, e-mail로 만나세요!

전나무숲건강편지는 매일 아침 유익한 건강 정보를 담아 회원들의 이메일로 배달됩니다. 매일 아침 30초 투자로 하루의 건강 비타민을 톡톡히 챙기세요. 도서출판 전나무숲의 네이버 블로그에는 전나무숲 건강편지 전편이 차곡차곡 정리되어 있어 언제든 필요한 내용을 찾아볼 수 있습니다.

http://blog.naver.com/firforest

 '전나무숲 건강편지'를 메일로 받는 방법  forest@firforest.co.kr로 이름과 이메일 주소를 보내 주세요. 다음 날부터 매일 아침 건강편지가 배달됩니다.

## 유익한 건강 정보,
## 이젠 쉽고 재미있게 읽으세요!

도서출판 전나무숲의 티스토리에서는 스토리텔링 방식으로 건강 정보를 제공합니다. 누구나 쉽고 재미있게 읽을 수 있도록 구성해, 읽다 보면 자연스럽게 소중한 건강 정보를 얻을 수 있습니다.

http://firforest.tistory.com

스마트폰으로 전나무숲을 만나는 방법

네이버 블로그    다음 티스토리